わかりやすい
大学の無機化学

公益社団法人
日本セラミックス協会 編

培風館

執筆者一覧（五十音順）

上川　直文*　千葉大学大学院工学研究院教授(5章)
梅垣　哲士　日本大学理工学部物質応用化学科准教授(6.1節)
岸本　治夫*　産業技術総合研究所省エネルギー研究部門主任研究員(7.1節)
清野　　肇　芝浦工業大学工学部応用化学科教授(3.4節)
陶山　容子*　元日本セラミックス協会副会長　無機材料総合研究所代表
　　　　　　(1.1, 1.2節)
都留　寛治　福岡歯科大学口腔歯学部口腔歯学科教授(7.4節)
鳴瀧　彩絵*　名古屋大学大学院工学研究科准教授(1.1, 1.2節)
細野　英司　産業技術総合研究所省エネルギー研究部門主任研究員(7.2節)
樋口　昌史　東海大学工学部応用化学科教授(3.1〜3.3節)
引地　史郎　神奈川大学工学部物質生命化学科教授(4.2節)
三石　雄悟　産業技術総合研究所太陽光発電研究センター主任研究員(7.3節)
本橋　輝樹　神奈川大学工学部物質生命化学科教授(2章)
柳瀬　郁夫*　埼玉大学大学院理工学研究科准教授(4.1, 6.2節)

(*日本セラミックス協会出版委員会委員)

本書の無断複写は、著作権法上での例外を除き、禁じられています。
本書を複写される場合は、その都度当社の許諾を得てください。

はじめに

　本書は，大学理工系学部の1年生から2年生の学生を対象とした無機化学の入門書として企画されたものである．大学に入学して無機化学を本格的に学び始める学生に対して，わかりやすく筋道を立てて説明をするように記述されている．専門科目として学ぶための基礎を身につけることもでき，より高度な学習への橋渡しともなるように構成されている．特徴の一つとして，基礎化学の一分野としての無機化学だけでなく，将来機能性材料の開発研究の分野へ進む学生にも役立つように配慮された内容となっている．

　本書は，無機化学の基礎を特定の分野に偏ることなく学べるように，ある程度の独立性をもった7つの章で構成されている．講義で使用される場合には，目的に応じて必要な章を取拾選択して使用できるように配慮されている．第1章は，物質を構成する基本粒子である原子やイオンの構造からはじまり，分子や固体を形成する結合の基本について述べている．第2章は，固体の構造について，結晶性固体を中心にそのさまざまな結晶構造についてわかりやすく記述している．第3章は，典型元素の性質について，全体の概要と各元素の性質をバランスよく記述している．第4章は，遷移金属元素についての理解を深めるために，個々の元素の性質の記述とともに，それらを的確に理解するために必要な錯体化学の基礎についてわかりやすく説明している．第5章は，近年重要性が増している希土類元素の性質について簡単に説明している．第6章は，無機物質の反応について理解を深める観点から，酸塩基と酸化還元の基礎が修得できるよう解説している．第7章は，これからの無機化学の学習の道筋を見すえ，現代社会での無機化学の役割と本書での学習内容がどのように社会に役立つのかがわかる実例を記述した．

　我々人類は，石器時代から始まった文明化のなかで，自然界に存在するさまざまな物質を利用して道具を作り，それらを使って生活を豊かにし，文明を発展させながら生きてきた．人類の文明の歴史が無機物質や金属を道具として利用するところから始まったことからもわかるように，無機化学の学習は，未来の社会と文明の発展のために欠くことのできないものである．そして本書は，無機化学を学ぶ学生に学習の道しるべを与えるものとして大きく役立つと信じている．

　2018年11月

日本セラミックス協会出版委員会

目　次

1章　原子と分子の構造 — *1*
1.1　原子の構造と元素 … 1
　1.1.1　ボーアの原子モデル　1
　1.1.2　電子の波動性と1電子系における原子モデル　5
　1.1.3　原子軌道　5
　1.1.4　多電子系における原子モデル　8
　1.1.5　元素の周期的な性質と周期表　12
　1.1.6　元素の分類と同位体　16
1.2　分子の構造と結合 … 17
　1.2.1　共有結合　17
　1.2.2　イオン結合　24
　1.2.3　金属結合　27
　1.2.4　その他の結合――配位結合，水素結合――　28

2章　固体物質の構造と性質 — *31*
2.1　固体物質の種類と分類 … 31
2.2　結　晶 … 32
　2.2.1　結晶格子・単位格子・結晶系　32
　2.2.2　X線回折　34
2.3　金属結晶 … 36
　2.3.1　金属の構造の種類　36
　2.3.2　金属の単位格子の充填率　39
2.4　イオン結晶 … 41
　2.4.1　最密充填構造における隙間と結晶構造の成り立ち　41
　2.4.2　典型的な結晶構造　43
　2.4.3　結晶構造を決定する要因　46

3章　典型元素の性質と反応 — *51*
3.1　18族元素(希ガス) … 51
3.2　水　素 … 53
3.3　sブロック元素(アルカリ金属，アルカリ土類金属) … 55
　3.3.1　1族(アルカリ金属)元素　55
　3.3.2　2族(アルカリ土類金属)元素　57
3.4　pブロック元素 … 59
　3.4.1　13族元素　59

         3.4.2　14 族元素　63
         3.4.3　15 族元素　66
         3.4.4　16 族元素　69
         3.4.5　17 族元素　72

4 章　遷移元素の性質と反応 — 75
　4.1　d ブロック元素の特徴と性質 …………………………………… 75
         4.1.1　3 族元素　75
         4.1.2　4 族元素　76
         4.1.3　5 族元素　78
         4.1.4　6 族元素　79
         4.1.5　7 族元素　82
         4.1.6　8 族元素　83
         4.1.7　9 族元素　84
         4.1.8　10 族元素　85
         4.1.9　11 族元素　86
         4.1.10　12 族元素　88
　4.2　配位化合物 ……………………………………………………… 89
         4.2.1　配位化合物と金属錯体　89
         4.2.2　金属錯体の電子配置と性質　96
         4.2.3　金属錯体における d 軌道への電子配置と物性　101

5 章　希土類元素 — 107
　5.1　希土類元素，ランタノイド元素 ………………………………… 107
         5.1.1　一般的な性質とランタノイド収縮　107
         5.1.2　分離精製　109
         5.1.3　化合物　109
         5.1.4　応用　109
　5.2　アクチノイド元素 ………………………………………………… 110
         5.2.1　一般的な性質　110
         5.2.2　放射性元素としての性質　111

6 章　酸塩基と酸化還元 — 113
　6.1　酸と塩基 ………………………………………………………… 113
         6.1.1　定義　114
         6.1.2　HSAB の定義　116
         6.1.3　ブレンステッドの酸・塩基の強弱　117
         6.1.4　超酸　119
         6.1.5　固体の酸塩基性と構造　120
　6.2　酸化と還元 ……………………………………………………… 121
         6.2.1　酸化還元反応と標準電極電位　121
         6.2.2　標準起電力とネルンスト式　124
         6.2.3　ギブス標準自由化エネルギーと標準電極電位　127
         6.2.4　不均化反応　128

　　　　　6.2.5　ラチマー図　　129
　　　　　6.2.6　エリンガム図　　130

7章　無機化学と現代社会とのかかわり──今後の学習のために── 133
7.1　燃料電池と無機材料──イオン伝導と格子欠陥── 133
　　　7.1.1　はじめに　　133
　　　7.1.2　固体酸化物形燃料電池の特徴と材料　　134
　　　7.1.3　安定化ジルコニアにおける酸化物イオン伝導　　134
7.2　電池技術と無機化学 139
　　　7.2.1　リチウムイオン電池　　139
　　　7.2.2　リチウムイオン二次電池の正極材料　　139
　　　7.2.3　リチウムイオン二次電池の負極材料　　141
　　　7.2.4　リチウムイオン二次電池材料のナノ構造制御　　141
　　　7.2.5　全固体リチウムイオン二次電池　　142
7.3　無機材料の応用例──光触媒── 143
　　　7.3.1　光触媒の研究意義　　143
　　　7.3.2　光と物質　　144
　　　7.3.3　無機化合物のエネルギー構造（バンド構造）と光吸収特性　　144
　　　7.3.4　化学反応の種類──up-hill 反応と down-hill 反応──　　146
　　　7.3.5　光触媒の動作原理　　147
7.4　生体材料と無機化学 148

演習問題の解答　　153
索　引　　159

1

原子と分子の構造

1.1 原子の構造と元素

1.1.1 ボーアの原子モデル

　ある元素からなる気体を真空管に封入して放電を行うと，色鮮やかに発光する現象が知られている。街を彩るネオンの光はこの現象を利用している。このような光をプリズムを用いて分光すると，元素によって異なる，とびとびの波数($\tilde{\nu}$：波長λの逆数)をもつスペクトルが現れる。図1.1は水素の**発光スペクトル**である。

　1890年にリュードベリ(Rydberg)は，水素の発光スペクトルが，整数を含む式(1.1)で表されることを見いだした。

$$\frac{1}{\lambda} = \tilde{\nu} = R\left(\frac{1}{m^2} - \frac{1}{n^2}\right) \tag{1.1}$$

ここで，R：リュードベリ定数($1.097 \times 10^5 \mathrm{cm}^{-1}$)，$m = 1, 2, 3, \cdots$，$n = (m+1), (m+2), (m+3), \cdots$ である。

　図1.1には，スペクトルの発見者の名前にちなんで**ライマン(Lyman)系列**，**バルマー(Balmer)系列**，**パッシェン(Paschen)系列**とよばれる系列が存在し，それぞれ$m=1$，$m=2$，$m=3$に対応する。

　1913年に，ボーア(Bohr)は以下の仮定により式(1.1)が説明できると提案した。

（ⅰ）電子は，ある半径の円軌道を描いて核の周囲をまわり，その電子のエネルギーは定常的に一定。

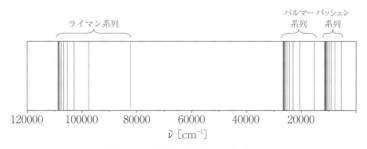

図1.1　水素の発光スペクトル

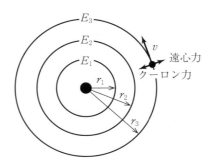

図1.2 ボーアの原子モデル

(ii) 電子のもちうる角運動量 mvr は $\dfrac{h}{2\pi}$ の整数倍。ここで，m：電子の質量，v：電子の速度，r：軌道の半径，h：プランク(Planck)定数である。

(iii) 円軌道は不連続的に存在しており，それらの軌道上の電子はそれぞれ固有のエネルギーをもつ。軌道間で遷移が起こる場合には $E_x - E_y = h\nu$ の関係をもつ振動数 ν の光が放出される。ここで，振動数 ν は 波数 $\tilde{\nu}$ × 光速 c である。

仮定(ii)より

$$mvr = \frac{nh}{2\pi} \tag{1.2}$$

電子に作用する遠心力とクーロン力のつり合いから

$$\frac{mv^2}{r} = \frac{e^2}{4\pi\varepsilon_0 r^2} \tag{1.3}$$

ここで，ε_0：真空の誘電率(permittivity of vacuum, 8.854×10^{-12} J^{-1} C^2 m^{-1})，e：電気素量 1.602×10^{-19} C である。

式(1.2)，(1.3)より

$$r = \frac{n^2 \varepsilon_0 h^2}{\pi m e^2} \tag{1.4}$$

式(1.4)において，$n=1$ のときの半径を特に**ボーア半径**(Bohr radius)とよぶ。さらに，電子のエネルギーは運動エネルギーとポテンシャルエネルギーの和であるので

$$\begin{aligned} E_{\text{total}} &= \frac{1}{2}mv^2 - \frac{e^2}{4\pi\varepsilon_0 r} \\ &= -\frac{me^4}{8n^2 h^2 \varepsilon_0^2} \end{aligned} \tag{1.5}$$

仮定(iii)より $E_x - E_y = h\nu$ であるので

$$\begin{aligned} \frac{1}{\lambda} = \tilde{\nu} &= \frac{E_x - E_y}{hc} \\ &= \frac{1}{hc}\left(-\frac{me^4}{8h^2\varepsilon_0^2}\right)\left(\frac{1}{n_x^2} - \frac{1}{n_y^2}\right) \\ &= \frac{me^4}{8h^3 c \varepsilon_0^2}\left(\frac{1}{n_y^2} - \frac{1}{n_x^2}\right) \end{aligned} \tag{1.6}$$

式(1.6)は，リュードベリが水素原子のスペクトルに対して見いだした法則である式

(1.1)と同じ形をとることに注目してほしい。さらに，$\frac{me^4}{8h^3c\varepsilon_0^2}$ を計算するとリュードベリ定数に等しい。つまりボーアは，仮定(i)～(iii)を要請することで，水素原子のスペクトルを説明することに成功した。

ここで強調したいのは，ボーア理論に整数 n が現れることである。すなわち，電子が描く軌道の半径や，軌道のエネルギーは，ある定まった量(＝量子)の倍数である，ということを示している。このように，原子の世界は，あるきまった量の倍数(とびとびの値)をとるという量子の概念で特徴づけられることがわかってきた。(初期の量子論の発展については，コラムを参照されたい。)

ただし，ボーアの理論は，水素原子よりも複雑な多電子原子のスペクトルを説明することができなかった。また，なぜ仮定(ii)，すなわち角運動量が $\frac{h}{2\pi}$ の整数倍となる必要があるのか，説明することができなかった。

コラム：原子構造の研究史

■**ドルトンの原子説**　物質を分割していくと，それ以上は分割できない最小粒子にたどりつくのか？　という問題は，ギリシア時代から議論されていた。18世紀後半になり，「化学変化の前後で，物質の質量の総和は変化しない」という質量保存の法則，「化合物の構成元素の質量比は，化合物のつくり方によらず常に一定」という定比例の法則が見いだされると，1803年にドルトン(Dalton)は，これらを説明するための以下の仮説を提案した。

　　「すべての物質は，それ以上分割することができない粒子が集まってできており，その粒子を原子(atom)とよぶ。」

各元素は固有の原子から成り立っており，化学反応は原子の入れ替えによって起こると考えた。

■**ファラデーの電気分解の法則**　物質をつくる究極の最小単位は原子である，という原子の不可分性は，物質と電気のかかわりが認識されるにつれ，ゆらぎはじめる。1833年，ファラデー(Faraday)は，電解質に電流を通じたときに起こる化学変化(電気分解)の際，電極に析出する物質の量は通じた電気量に比例し，さらに，1 mol の物質が析出するのに要する電気量は一定であることを見いだした。のちに続く物理学者たちは，電気の基本的単位，すなわち電気の原子の存在を予言し，それに**電子**(electron)という名称を与えた。

■**トムソンによる陰極線管の実験**　電子の発見は，思わぬ実験がきっかけとなった。気体を封入したガラス管の両端に付けた金属の電極に電圧をかけると，真空下で管内が光り出す。1859年にプリュッカー(Plücker)は，陰極から何らかの粒子が飛び出してきたと解釈し，これを**陰極線**と名づけた。陰極線の性質は，陰極に用いる金属や，ガラス管の中の気体の種類によらないことから，より根元的な，物質の構成粒子である可能性が暗示された。1897年，トムソン(Thomson)は，上記の実験でさらに別の方向から電圧をかけると陰極線が曲がることを見いだし，陰極線が負の電荷を帯びた粒子の流れであることを突き止めた。さらに，電子の質量 m と電荷 e の比が，$m/e = 5.686 \times 10^{-12}$ kg C^{-1} であると報告した。

■**ミリカンによる電子電荷の測定**　1909年にミリカン(Millikan)は，独自に考案した油滴実験から，粒子の電荷は $e = -1.602 \times 10^{-19}$ C であり，したがって電子の質量は $m = 9.109 \times 10^{-31}$ kg であることを示した。これは水素原子の1/1000よりも軽い値であった。この報告を受けトムソンは，原子は正に帯電した物質中に，より軽く，負に帯電した電子が散らばって存在する原子モデルを提案した。

■ラザフォードによる α 線照射実験　　1911 年にラザフォード(Rutherford)らは，α 線という正の電荷を帯びた放射線(He の原子核)を薄い金箔に照射する実験を試みた。トムソンの原子モデルが正しければ，ほとんどの α 線は金箔をそのまま通り抜け，ごくわずかな粒子が少し進路を曲げるはずであった。実際には，ほとんどの α 線がそのまま通過したが，予想に反し，少数の α 線は大きく方向を曲げられたり，跳ね返されたりした。この結果からラザフォードは，金原子中に，密度が高く，正電荷を帯びた微粒子が存在し，その静電力によって少数の α 線が反発されたと考えた。原子は，正の電荷をもつ原子核と，それを取り巻く電子からなるとするモデルが推定され，本来の原子構造の理解に大きく近づいた。ラザフォードはさらに，重い原子核の存在を説明するために，中性子の存在を予言した。

■チャドウィックによる中性子の発見　　ボーテ(Bothe)やジョリオ＝キュリー(Joliot-Curie)夫妻は，α 線をベリリウムに当てると透過力の強い新しい放射線が放出されることを発見していた。1932 年，チャドウィック(Chadwick)は，この透過力の強い放射線を物質に衝突させると陽子がはじき出されることを確認し，この放射線が，陽子とほぼ同じ質量をもち電荷をもたない中性の粒子「中性子」であることを実証した。

　湯川秀樹は，原子核の中で陽子と中性子を結びつける粒子である「中間子」の存在を 1935 年に予言し，のちに実証された。

コラム：量子論の発展

■プランクの量子仮説　　1859 年にキルヒホッフ(Kirchhoff)は，熱した黒体(外部から入射するあらゆる波長の電磁波を吸収する物体)から放射される電磁波の波長分布が，物質によらず温度に依存することを発見した。1900 年，プランクは，黒体から放射される電磁波のエネルギーを，周波数 ν と温度 T の関数として表すことに成功した。この導出過程においてプランクは，放射場のエネルギーの吸収や放出が，あるエネルギー素量 $\Delta E = h\nu$ の整数倍になっていることをはじめて指摘した。プランクはこの業績により「量子論の父」とされる。

■アインシュタインの光電効果の理論　　1800 年代後半，ヘルツ(Heltz)，ハルヴァックス(Hallwacks)らの研究により，金属などの固体表面に光を照射すると，光を吸収してその表面から電子が放出される現象(**光電効果**)が見いだされた。この現象の特徴は，ある一定の振動数以上の光を当てたときのみ，電子が飛び出すことだった。1900 年に入り，レナルト(Lenard)は，この現象をさらに詳細に研究し，以下のことを発見した。

・強い光を照射するとたくさんの電子が飛び出すが，電子 1 個あたりの運動エネルギーは変わらない。
・照射する光の振動数を大きくすると，飛び出す電子の運動エネルギーが大きくなるが，飛び出す電子の数は変化しない。

これらは，光が波であると考える当時の物理学では説明することができなかった。1905 年にアインシュタイン(Einstein)は，光は $h\nu$ のエネルギーをもつ粒子であると考えることによって，光電効果を鮮やかに説明した。ここでは，光の粒子 1 個が電子 1 個に衝突すると，光がもっていたエネルギーがすべて電子にわたり，光子はなくなると仮定する。飛び出す電子のエネルギーを E とし，電子が金属の外へ飛び出すために必要なエネルギーを W (仕事関数)と定義すると，

$$E = h\nu - W$$

となるはずである。この仮説は，1916 年にミリカンの実験によって証明された。

1.1.2 電子の波動性と1電子系における原子モデル

「コラム：量子論の発展」で紹介したように，光は波動性に加えて粒子性をもつことが，アインシュタインらによって示された。1924年にドブロイ (de Broglie) は，光が波であり，かつ粒子としての性質をもつのであれば，逆に，電子を含むすべての粒子は，波として振る舞えるのではないかと提案した。当時，電子が粒子であるということは，トムソンによる陰極線の実験等により広く受け入れられていた。ドブロイは，すべての物質は波動性をもつと仮定し，粒子性と波動性を結びつける式として式(1.7)を発表した。

$$\lambda = \frac{h}{mv} \tag{1.7}$$

式(1.7)は**ドブロイの式**とよばれ，運動量 mv (m：質量，v：粒子の速度)をもつ粒子は波長 λ の波として振る舞うことを示している。原子中の電子が一定のエネルギーをもつのであれば，電子は定在波として存在すると考えられ，電子が描く軌道の円周は式(1.8)のように，波長 λ の整数倍となるであろう。

$$n\lambda = 2\pi r \tag{1.8}$$

式(1.7)，(1.8)より

$$mvr = \frac{nh}{2\pi} \tag{1.9}$$

すなわち，ドブロイの仮説によって，角運動量が $\frac{h}{2\pi}$ の整数倍であるというボーアの仮定(ii)の根拠が示された。電子が波としての性質である回折性，干渉性をもつことは1927年になって実験的に証明された。

1.1.3 原子軌道

上述の発展と並行して，シュレーディンガー (Schrödinger) は，電子はその波動性を強調した方式で表されることを提唱した。電子の振る舞いを記述するシュレーディンガーの波動方程式の一般式は式(1.10)で表される。

$$H\Psi = E\Psi \tag{1.10}$$

ここで Ψ は**波動関数** (wave function) とよばれ，この方程式の解である。H はハミルトン演算子であり，一連の数学的演算を意味している。E は定数であり，軌道のエネルギーに相当する。

1電子系 (H, He^+, Li^{2+} など) の波動方程式は厳密解を得ることができ，極座標を用いて以下のように記述できる。

$$\Psi = R_{n,l}(r) \cdot Y_{l,m_l}(\theta, \varphi) \tag{1.11}$$

式(1.11)に示したように，波動関数は動径成分 $R_{n,l}(r)$ と角成分 $Y_{l,m_l}(\theta, \varphi)$ の積で表され，それぞれ**動径波動関数**，**角波動関数**とよばれる。動径波動関数は整数 n, l を含む関数であり，角波動関数は整数 l, m_l を含む関数である。n, l, m_l は**量子数**とよばれ，量子数 n はボーアの原子モデルにおける整数 n と一致している (1.1.1項参照)。

ここで重要なのは，ある単位体積中に電子を見いだす確率は波動関数の絶対値を2乗した $|\Psi|^2 = \Psi^* \Psi$ (Ψ^* は波動関数 Ψ の複素共役) に比例するということである。

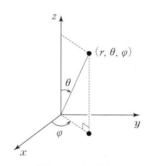

図 1.3　極座標

表 1.1　量子数 n, l, m_l がとりうる値と量子数が規定する軌道の特徴

名　称	主量子数 n	方位量子数 l	磁気量子数 m_l
とりうる値	$1, 2, 3, 4, \cdots$	$0, 1, 2, 3, \cdots, (n-1)$	$-l \sim +l$
軌道へ与える影響	軌道の大きさ 軌道のエネルギー	軌道の形	軌道の方向

$|\Psi|^2 > 0$ の領域が原子軌道である。

　各軌道に電子は2つまで入ることができ，この2つは後述するスピン磁気量子数 m_s $\left(+\dfrac{1}{2}\text{ または }-\dfrac{1}{2}\right)$ で区別される。

　表1.2の挿入図における $+, -$ は波動関数の符号を示している。s軌道は球対称，p軌道は原子核を中心とするダンベル型の形状をもち，磁気量子数 m_l に応じて，ダンベルの方向が異なる $2p_x, 2p_y, 2p_z$ 軌道が存在する。d軌道には，$m_l = -2, -1, 0, 1, 2$ に対応する5種類の軌道がある。

　原子軌道における電子の分布は一様でなく，原子核からの距離に依存して変化する。これは以下の動径分布関数から知ることができる。

　電子の**動径分布関数** $P(r)$ は，原子核からの距離 r と動径部分の波動関数 $R(r)$ を用いて，一般に式(1.12)で表される。

$$P(r) = r^2 R(r)^2 \tag{1.12}$$

原子核からの距離 r で厚さ dr の球殻上のどこかに電子を見いだす確率は，$P(r)\,dr$ で与えられる。

　図1.4において，1s軌道の動径分布関数に注目すると，電子の存在確率が極大になる r がある。これはボーア半径と一致している。主量子数2の2s軌道では，電子の存在確率がゼロとなる r が1つある。このように，電子の存在確率がゼロとなる位置を**節**とよぶ。主量子数 n が増えると節の数は増大していき，動径方向の節の数は $n-l-1$ で表される。図1.4から，n が増えると軌道が半径方向に広がる様子もみてとれる。

1.1 原子の構造と元素

表1.2 量子数の組合せと軌道の名称

n 1, 2, 3, 4, ⋯	l 0, 1, 2, 3, ⋯, $(n-1)$	m_l $-l\sim+l$	軌道の名称
1	0	0	1s
2	0	0	2s
	1	-1	$2p_x$
		0	$2p_z$
		1	$2p_y$
3	0	0	3s
	1	-1	$3p_x$
		0	$3p_z$
		1	$3p_y$
	2	-2	$3d_{xy}$
		-1	$3d_{xz}$
		0	$3d_{z^2}$
		1	$3d_{yz}$
		2	$3d_{x^2-y^2}$

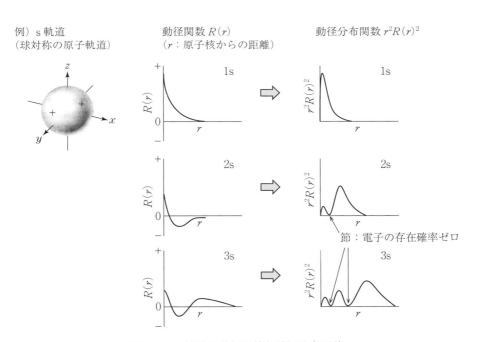

図1.4 s軌道の動径関数と動径分布関数

次に,原子軌道のエネルギーを考えよう。1電子系では波動関数は厳密に解くことができ,式(1.10)における E は式(1.13)で表される。

$$E = -\frac{me^4 Z^2}{8h^2 \varepsilon_0^2 n^2} \tag{1.13}$$

ここで Z は原子核の正電荷(水素(H)なら1,ヘリウム(He)なら2)である。計算すると式(1.14)が得られる。

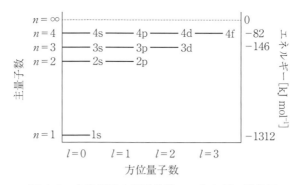

図 1.5 水素原子の原子軌道のエネルギー準位図

$$E = -1312\frac{Z^2}{n^2} \quad [\text{kJ mol}^{-1}] \tag{1.14}$$

式(1.14)は，軌道のエネルギーは主量子数 n に依存し，方位量子数 l や磁気量子数 m_l には無関係であることを示している．図 1.5 に，水素原子の原子軌道のエネルギー準位図を示す．n が同じであれば，l が異なっていても軌道のエネルギーは等しい．このように，2つ以上の異なる軌道が同じエネルギー準位をとることを，**縮退**(または**縮重**)という．電子が最低エネルギーの原子軌道を占有する状態を**基底状態**(ground state)とよび，より高いエネルギーの軌道に存在する状態を**励起状態**(excited state)とよぶ．

1.1.4 多電子系における原子モデル

前項で，1電子系の原子軌道のエネルギーは，主量子数 n のみに依存することを学んだ．しかし，He, Li, … のような多電子系になると，図 1.6 に示すように，原子軌道のエネルギーは方位量子数 l にも依存するようになる．この理由は後述するとし，ここではまず，図 1.6 のようにエネルギー準位の異なる軌道が存在するとき，電子がどのような順番で詰まっていくかを理解しよう．

各軌道へは，電子は2つまで入ることができる．そのうえで，下記の3つの原理を満たしながら順に電子が詰まっていく．電子は慣習的に矢印で表し，スピン磁気量子数

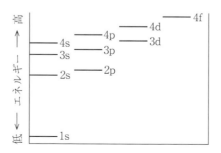

図 1.6 多電子原子の原子軌道のエネルギー準位図

1.1 原子の構造と元素

$m_s = +\frac{1}{2}$ の状態を上向き矢印（↑），$m_s = -\frac{1}{2}$ の状態を下向き矢印（↓）を用いて区別する。

【基底状態の電子配置】
(1) **構成原理**：電子配置は，エネルギーのより低い軌道から順に組み立てていく。
　　1s → 2s → 2p → 3s → 3p → 4s → 3d → 4p → …
(2) **フントの規則**：軌道が縮重しているとき，電子は別の軌道にまず入る。このとき，スピンが平行になるように配置される。
(3) **パウリの排他原理**：4つの量子数がすべて同じ組となる2つの電子はない。2つの電子が同じ軌道を占めるとき，それらは反対スピンをとる。

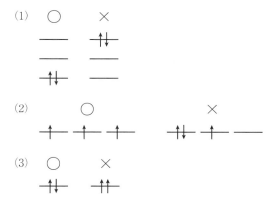

図1.7　(1) 構成原理，(2) フントの規則，(3) パウリの排他原理

代表的な元素の基底状態の電子配置を表1.3に示す。まず，H原子は1個の電子が最もエネルギーの低い1s軌道に入る。これを $1s^1$ と表記する。He原子では2個の電子

表1.3　各元素の基底状態の電子配置

Z	元素	電子配置	Z	元素	電子配置	Z	元素	電子配置
1	H	$1s^1$	15	P	$[Ne]3s^23p^3$	29	Cu	$[Ar]3d^{10}4s^1$
2	He	$1s^2$	16	S	$[Ne]3s^23p^4$	30	Zn	$[Ar]3d^{10}4s^2$
3	Li	$1s^22s^1 \equiv [He]2s^1$	17	Cl	$[Ne]3s^23p^5$	31	Ga	$[Ar]3d^{10}4s^24p^1$
4	Be	$[He]2s^2$	18	Ar	$[Ne]3s^23p^6$	32	Ge	$[Ar]3d^{10}4s^24p^2$
5	B	$[He]2s^22p^1$	19	K	$[Ar]4s^1$	33	As	$[Ar]3d^{10}4s^24p^3$
6	C	$[He]2s^22p^2$	20	Ca	$[Ar]4s^2$	34	Se	$[Ar]3d^{10}4s^24p^4$
7	N	$[He]2s^22p^3$	21	Sc	$[Ar]3d^14s^2$	35	Br	$[Ar]3d^{10}4s^24p^5$
8	O	$[He]2s^22p^4$	22	Ti	$[Ar]3d^24s^2$	36	Kr	$[Ar]3d^{10}4s^24p^6$
9	F	$[He]2s^22p^5$	23	V	$[Ar]3d^34s^2$	37	Rb	$[Kr]5s^1$
10	Ne	$[He]2s^22p^6$	24	Cr	$[Ar]3d^54s^1$	38	Sr	$[Kr]5s^2$
11	Na	$[Ne]3s^1$	25	Mn	$[Ar]3d^54s^2$	39	Y	$[Kr]4d^15s^2$
12	Mg	$[Ne]3s^2$	26	Fe	$[Ar]3d^64s^2$	40	Zr	$[Kr]4d^25s^2$
13	Al	$[Ne]3s^23p^1$	27	Co	$[Ar]3d^74s^2$	41	Nb	$[Kr]4d^45s^1$
14	Si	$[Ne]3s^23p^2$	28	Ni	$[Ar]3d^84s^2$			

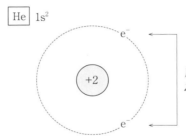

図 1.8 有効核電荷の概念

が，反対スピンとなるように 1s 軌道に入り，$1s^2$ という配置をとる。主量子数 $n=1$ の軌道（K 殻）はこれで満たされるため，この状態を**閉殻**とよび，[He] のように表す。$Z=3$ の Li 原子では，2s 軌道にさらに 1 個の電子が入り，[He]$1s^1$ となる。電子配置の順序には，いくつかの例外もある。たとえば，d 軌道が半分（電子が 5 個）または全部（電子が 10 個）満たされた配置はそれぞれ半閉殻，閉殻構造となって安定である。このため，Cr 原子の基底状態の電子配置は [Ar]$3d^4 4s^2$ ではなく，[Ar]$3d^5 4s^1$ となる。同様に，Cu 原子では [Ar]$3d^{10} 4s^1$ の配置となる。このような不規則性は，3d 軌道と 4s 軌道のように，エネルギーが接近している軌道間でみられやすい。

ではなぜ，多電子原子系では，方位量子数 l が異なる s, p, d, … 軌道でエネルギー準位に差が生じるのだろうか。He 原子を例として考えよう。1 つの電子しかもたない He$^+$ であれば，電子は +2 の核電荷をもろに感じる。しかし，電子を 2 つもつ He では，電子間に静電的な反発力が生じるため，片方の電子が感じる核電荷は実際の核電荷 Z よりも小さい。電子が感じる核電荷を**有効核電荷**（Z_{eff}）とよぶ（図 1.8）。ほかの電子によって，核電荷 Z が打ち消される現象は**遮蔽**（しゃへい）とよばれる。Z_{eff} はスレーター(Slater) の**規則**として知られる経験則によって近似的に求められる（コラム参照）。

コラム：スレーターの規則

有効核電荷 Z_{eff} は，核電荷を Z，遮蔽定数を σ として以下の式および規則により求められる。

$$Z_{eff} = Z - \sigma$$

原子軌道を以下のようにグループ分けする：

[1s], [2s, 2p], [3s, 3p], [3d], [4s, 4p], [4d], [4f], [5s, 5p].

① 問題とする電子よりも右側のグループにある電子の遮蔽は無視。
② 問題とする電子が所属するグループ内の他の各電子は σ に 0.35 寄与。
③ 主量子数が $n-1$ の各電子は σ に 0.85 寄与。
④ 主量子数が $n-2$ とそれ以下の各電子は σ に 1 寄与。
⑤ 問題の電子が [nd] や [nf] の場合，③，④ は成立せず，その前の各電子はすべて 1 の寄与。

1.1 原子の構造と元素

表 1.4 スレーターの有効核電荷 Z_{eff}

Z	1s	2s, 2p	Z	3s, 3p	Z	4s, 4p
1 (H)	1.0					
2 (He)	1.7					
3 (Li)	2.7	1.30				
4 (Be)	3.7	1.95				
5 (B)	4.7	2.60				
6 (C)	5.7	3.25				
7 (N)	6.7	3.90				
8 (O)	7.7	4.55				
9 (F)	8.7	5.20				
10 (Ne)	9.7	5.85				
			11 (Na)	2.20	19 (K)	2.20
			12 (Mg)	2.85	20 (Ca)	2.85
			13 (Al)	3.50	31 (Ga)	5.00
			14 (Si)	4.15	32 (Ge)	5.65
			15 (P)	4.80	33 (As)	6.30
			16 (S)	5.45	34 (Se)	6.95
			17 (Cl)	6.10	35 (Br)	7.60
			18 (Ar)	6.75	36 (Kr)	8.25

　表1.4のLi～Neをみると，主量子数の大きい(外殻の)電子の Z_{eff} は，内殻電子の遮蔽効果によって実際の核電荷 Z よりも大きく減少していることがわかる。また，原子番号が増大するにつれ，各軌道の Z_{eff} は増加することがみてとれる。これは，グループ内の電子による遮蔽が完全ではないためである。

　しかし，スレーターの規則では，主量子数 n が同じで方位量子数 l が異なる軌道(たとえば，2s軌道と2p軌道)において有効核電荷が等しいため，l の違いで軌道のエネルギーに差が生じる理由を説明できない。s, p, d, … 軌道でエネルギー準位に差が生じる理由を理解するには，前項で学んだ原子軌道における電子分布を考える必要がある。図1.9 は，2s軌道と2p軌道，あるいは3s, 3p, 3d軌道の動径分布関数を比較した図である。たとえば，2s軌道と2p軌道を比べた場合，2s軌道には節が存在し，原子核に近いところで電子の存在確率が2p軌道よりも高くなる。3s, 3p, 3d原子軌道を比べた場合も，l が小さい軌道ほど多くの節をもち，原子核に近い位置で電子の存在確率が高い。このように，ある軌道における電子の存在確率が，別の軌道における電子の存在確率よりも原子核に近い位置で大きい値をもつことを**貫入**とよぶ。貫入の程度が大きいほど，内殻電子の遮蔽効果を受けずに核電荷をもろに感じる機会が高まり，結果として軌道のエネルギーが低くなる。

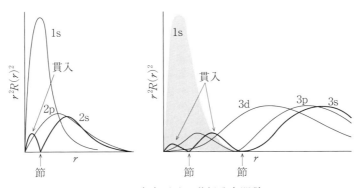

図 1.9 水素原子の動径分布関数

1.1.5 元素の周期的な性質と周期表

1869 年，メンデレーエフ(Mendeleev)は，当時知られていた元素を原子量順に並べ，化学的性質の似た元素の一群が縦の列(族)となるように配置した周期表を導入した。周期表の全体的構成を図 1.10 に示す。周期表の横並びは**周期**(period)とよばれ，第 1～第 7 周期まである。周期の数と，最外殻電子の主量子数 n が一致している。たとえば，周期表の第 3 周期では，周期表を右にいくに従い，3s 軌道と 3p 軌道へ電子が配置されていく。**族**(group)は 1～18 までであり，同じ族では最外殻電子(価電子)の配置が同じであるため，似たような化学的性質を示す。

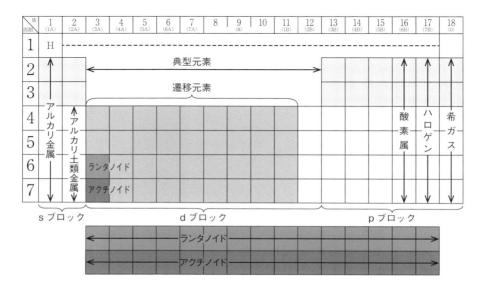

図 1.10　周期表の全体的構成

元素の性質のうちいくつかのものは，周期表を横または下にいくにつれ，周期的に変化する。この傾向を知ることは，元素の反応性などを予測するのにきわめて重要である。

（1） イオン化エネルギー

イオン化エネルギー(IE)は，基底状態にある気体状の原子から，電子 1 個を取り除いて陽イオンにする際(式(1.15))に生じるエネルギー変化である(式(1.16))。IE は正の値をとり，この値が小さいほど，電子を失って陽イオンになりやすい。第一 IE は，中性原子から，最も弱く束縛されている電子 1 個を取り去るのに必要なエネルギーであり，第二 IE は，一価の陽イオンから電子 1 個を取り去るのに必要なエネルギーであり，以下同様である。

$$A(g) \rightarrow A^+(g) + e^-(g) \tag{1.15}$$

$$IE = E(A^+, g) - E(A, g) \tag{1.16}$$

1.1 原子の構造と元素

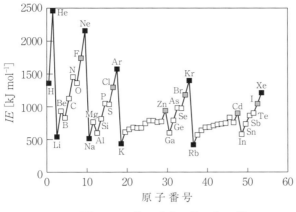

図 1.11 第一イオン化エネルギー

図1.11に示すように，周期表の同周期においては，周期表を左から右にいくにつれ，第一 IE は増加傾向にある。アルカリ金属で極小，希ガスの位置で極大をとる。

このような大局的な変化以外の変則的な変化は，原子軌道の電子配置から理解することができる。たとえば，Be から B にいくときに，第一 IE は減少する。これは，Be では 2s 軌道から電子を取り去るのに対し，B では 2p 軌道から電子を取り去るからである。2s 軌道の電子は貫入により安定化されており，電子を取り去るには予想以上にエネルギーを要するのである。

また，N から O にいくときにも第一 IE が減少している。N 原子では，2p 軌道が半分占められた配置（半閉殻構造）をとり安定化されている。一方，O 原子では1つの p 軌道に2個の電子が入っており，このうち1個の電子を取り去ればよい。この電子は，電子間反発によって核電荷による安定化を受けにくい状況にあるため，比較的取り去りやすい。

（2） 電子取得エンタルピーと電子親和力

電子取得エンタルピーは，基底状態にある気体状の原子に電子1個を付加して陰イオンにする反応（式(1.17)）にともなうエンタルピー変化である。電子取得エンタルピーは熱力学の分野において適切な用語であるが，無機化学においては，式(1.17)の逆反応のエネルギー差に相当する**電子親和力**（EA）を用いて議論することが多い。EA は式(1.18)のように，気体状原子と気体状陰イオンとのエネルギー差として定義される。この値が大きいほど，原子は陰イオンになりやすい。

$$A(g) + e^-(g) \rightarrow A^-(g) \tag{1.17}$$

$$EA = E(A, g) - E(A^-, g) \tag{1.18}$$

（3） 電気陰性度

ある元素が化合物の一部であるとき，電子をその元素（自分自身）に引きつける力の度合いを**電気陰性度**（electronegativity）という。

表1.5 上段よりポーリング，マリケン，オールレッド・ロコウの電気陰性度

H							He
2.20							5.50
3.06							
2.20							
Li	Be	B	C	N	O	F	Ne
0.98	1.57	2.04	2.55	3.04	3.44	3.98	
1.28	1.99	1.83	2.67	3.08	3.22	4.43	4.60
0.97	1.47	2.01	2.50	3.07	3.50	4.10	5.10
Na	Mg	Al	Si	P	S	Cl	Ar
0.93	1.31	1.61	1.90	2.19	2.58	3.16	
1.21	1.63	1.37	2.03	2.39	2.65	3.54	3.36
1.01	1.23	1.47	1.74	2.06	2.44	2.83	3.30
K	Ca	Ga	Ge	As	Se	Br	Kr
0.82	1.00	1.81	2.01	2.18	2.55	2.96	3.00
1.03	1.30	1.34	1.95	2.26	2.51	3.24	2.98
0.91	1.04	1.82	2.02	2.20	2.48	2.74	3.10
Rb	Sr	In	Sn	Sb	Te	I	Xe
0.82	0.95	1.78	1.96	2.05	2.10	2.66	2.60
0.99	1.21	1.30	1.83	2.06	2.34	2.88	2.59
0.89	0.99	1.49	1.72	1.82	2.01	2.21	2.40

　ポーリング(Pauling)は，熱力学データから次のように電気陰性度 χ を定義した。共有結合分子 A−A，B−B，A−B があるとき，各結合エネルギーの関係が式(1.19)のようであるなら，E(A−B)にはイオン性の寄与があると考えた。すなわち，A−B 間で電子が等しく共有されておらず，電子の偏りがもたらすクーロン力による余分な安定化が生じると考えた。この余剰エネルギーを ΔE とするとき(式(1.20))，元素 A と元素 B の電気陰性度の差 $|\chi_A - \chi_B|$ を式(1.21)のように表す。最も電気陰性な F の電気陰性度を $\chi_F = 3.98$ として，熱力学データから他の元素の電気陰性度を求める。

$$E(\mathrm{A-B}) > (E(\mathrm{A-A}) \times E(\mathrm{B-B}))^{0.5} \tag{1.19}$$

$$\Delta E = E(\mathrm{A-B}) - (E(\mathrm{A-A}) \times E(\mathrm{B-B}))^{0.5} \tag{1.20}$$

$$|\chi_A - \chi_B| = 0.102 \Delta E \tag{1.21}$$

　マリケン(Mulliken)は，イオン化エネルギー IE が大きい原子は電子を失いにくく，電子親和力 EA が大きいほど電子を取得しやすいことに着目し，電気陰性度は IE と EA の平均値で表すことができると提案した。マリケンの電気陰性度を χ_M と表すと，χ_M は式(1.22)のように定義される。

$$\chi_M = \frac{1}{2}(IE + EA) \tag{1.22}$$

ただし，IE と EA の単位は電子ボルト[eV]である。

　オールレッド(Allred)とロコウ(Rochow)は，熱力学的データを使わずに電気陰性度を定義しようと試みた。ここでは，電気陰性度は原子のまわりの電場の強さで決まるという見方をする。原子中の電子は有効核電荷 Z_{eff} を感じているので，その電場の強さは

1.1 原子の構造と元素

Z_{eff}/r^2 に比例する。オールレッドとロコウの電気陰性度を χ_{AR} とすると，Z_{eff} と共有結合半径 r[pm]を用いて，式(1.23)のように定義される。ここででてくる係数は，ポーリングの電気陰性度 χ に値を近づけるために導入されている。

$$\chi_{AR} = 0.744 + 3590 \frac{Z_{eff}}{r^2} \tag{1.23}$$

（4）原子半径

原子の大きさ（原子半径）は，外殻の電子軌道の広がりと関係している。基本的には，原子番号が大きくなり，核の正電荷が増加すると，電子は原子の中心のほうに引きつけられ軌道の大きさは減少する。しかし，原子番号が増加すると電子の数も増え，電子相互の反発が原子外側の軌道の大きさの収縮を抑えるはたらきがある。これらの相反する因子により原子半径は決まる。周期表の同一周期では，原子番号の増加により原子半径は減少する傾向があり，原子番号により原子半径にも周期的な傾向がみられる。周期表で同一周期を右にいくと，有効核電荷 Z_{eff} が増加するため，原子半径は減少する。同族を下にいくと，主量子数 n が増加して軌道が広がるため，原子半径は増大する。表1.6には，無極性共有結合の結合距離から求められた原子半径（無極性共有結合半径）を示した。原子半径は，原子の含まれる分子の極性や化学構造，物理的状態の影響を受ける。また，原子半径は，最外殻の電子の性質であるイオン化エネルギー IE や電子親和力 EA の値にも関係する。

表1.6　無極性共有結合半径

元素	Z	半径[pm]	元素	Z	半径[pm]	元素	Z	半径[pm]	元素	Z	半径[pm]	元素	Z	半径[pm]
H	1	32	Li	3	132	Na	11	154	K	19	203	Rb	37	216
He	2	31	Be	4	89	Mg	12	136	Ca	20	174	Sr	38	191
			B	5	82	Al	13	118	Sc	21	144	Y	39	162
			C	6	77	Si	14	111	Ti	22	132	Zr	40	145
			N	7	75	P	15	106	V	23	122	Nb	41	134
			O	8	73	S	16	102	Cr	24	118	Mo	42	130
			F	9	72	Cl	17	99	Mn	25	117	Tc	43	127
			Ne	10	71	Ar	18	98	Fe	26	117	Ru	44	125
									Co	27	116	Rh	45	125
									Ni	28	115	Pd	46	128
									Cu	29	117	Ag	47	134
									Zn	30	125	Cd	48	148
									Ga	31	126	In	49	144
									Ge	32	122	Sn	50	140
									As	33	120	Sb	51	140
									Se	34	117	Te	52	136
									Br	35	114	I	53	133
									Kr	36	112	Xe	54	131

1.1.6　元素の分類と同位体

（1）元素の分類——金属元素，半金属元素，非金属元素——

1.1.5項で述べたように，周期表は元素を原子量順に並べた表であり，表の縦の列には外殻電子の数が同じ元素が並んでいる。最外殻の電子軌道が元素の化学的・物理的性質を決めるため，同じ縦の列「族」に属する元素は似た性質をもつ傾向がある。周期表に基づき，元素はその性質から，典型元素のグループと遷移元素のグループに大別できる。そして，そのなかで特に性質の似た元素をアルカリ金属，アルカリ土類金属などの小グループに分類できる。

種々の元素が化学結合して物質をつくる。この化学結合において主要なものは，**イオン結合，共有結合，金属結合**の三種であるが，どのような結合を形成するかは元素の種類とその組合せによる。ここでは，物質を構成する元素と化学結合の種類の関係を理解するために，金属元素，半金属元素（類金属元素ともいう），非金属元素のグループについてみてみよう。

金属元素とは，単体が金属の性質をもつもので，金属元素には，周期表にみられる1族，2族，および12～18族の典型元素グループ中に存在する典型金属元素と，3～11族の遷移金属がある。非金属元素は単体が金属でないもので，典型元素のグループ中の金属元素以外の元素であり，H, C, N, O, F, P, S, Cl, Se, Br, I がこれにあたる。一方，金属元素と非金属元素の境界領域にあり金属と非金属の中間の性質を示す**半金属**とよばれる物質がある。その定義や分類基準に決定的なものはいまだないが，一般的には，非金属元素と金属元素にはさまれた斜めの区域にある B, Si, Ge, As, Sb, Te がこれにあたる。これらに加えて，Po, At, Se が半金属元素としてあげられることもある。半金属元素は，半導体や光学ガラスなどに使われ，現代社会に欠くことのできない重要な物質である。

物質には，**有機物質，無機物質，金属**の三大物質がある。各々の物質はそれぞれ特徴的な物理的，化学的性質をもっている。これら有機物質，無機物質，金属は，どのような元素からなり，どのような化学結合をしているのであろうか。有機物は，主として非金属元素から構成され，非金属元素どうしが共有結合してできている。金属は，金属元素が金属結合してできている。これに対し無機物質は，金属元素と非金属元素，金属元素と半金属元素，半金属元素と半金属元素，半金属元素と非金属元素などの多様な元素の組合せからなり，これらの元素がイオン結合と共有結合することによってできている。これら三大物質はそれぞれ異なる特徴的な物性をもつ。たとえば，電気伝導性についてみると，有機物は一般的に伝導性が悪く，金属は伝導性が非常に良く，無機物は伝導性が非常に良いものから悪いものまである。このような性質の違いは，各々の物質を構成する元素と化学結合の違いから生じる。

（2）同位体

同じ元素でも中性子の数が異なる元素を**同位体**（アイソトープ）という。たとえば，図1.12のように，普通の水素元素は陽子数1個，中性子数0個で，質量数は1であるが，陽子数1個と中性子数1個からなる質量数2の水素や陽子数1個と中性子数2個からな

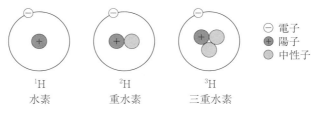

図 1.12　水素の同位体

る質量数 3 の水素が存在する。これら質量数が異なる元素は互いに同位体である。同位体の表記は，質量数 2 の水素を例に示すと，元素名に続けて質量数を示す「水素 2」か，元素記号の左肩に質量数を付記して「^{2}H」のように記述する。また，水素の同位体に限っては，^{2}H は**重水素**(Deuterium)：「D」または「d」，^{3}H は**三重水素**(Tritium)：「T」のように固有の記号で表すこともある。

同一元素の同位体では，電子状態は同じなので化学的性質は同じであるが，質量数の違いによって物性には違いがある。同位体には安定な核種と不安定な核種があり，安定な核種を**安定同位体**，不安定な核種を**放射性同位体**という。

安定同位体は，自然界で一定の割合で安定に存在する。たとえば，^{1}H は 99.985 %，^{2}H は 0.015 % の割合で存在する。^{3}H は半減期 12 年の放射性同位体である。炭素(C)の同位体には ^{12}C, ^{13}C, ^{14}C がある。^{12}C と ^{13}C の自然界での存在比はそれぞれ 98.90 % と 1.10 % である。^{14}C は放射性同位体で半減期は 5730 年である。酸素(O)の同位体 ^{16}O, ^{17}O, ^{18}O はそれぞれ 99.762 %, 0.038 %, 0.200 % の割合で存在する。

放射性同位体は，原子核が不安定なので，さまざまな相互作用によって時間とともに放射線を放出し，放射性崩壊を起こして他の元素や安定な状態に変化する。もとの放射性同位体が崩壊して半分の量になるまでの時間を**半減期**という。半減期は核種によって異なる。たとえば，原子番号 55 のセシウム(Cs)には質量数が 134, 135, 137 の同位体がある。^{134}Cs の半減期は約 2 年，^{135}Cs の半減期は 230 万年，^{137}Cs の半減期は約 30 年で，それぞれ原子番号 56 のバリウム(Ba)へ変化する。放射性同位体を含む同位体は 2000 種以上あるとされる。放射性同位体は，地球や考古学の年代の測定に用いられている。

1.2　分子の構造と結合

1.2.1　共有結合

1916 年，ルイス(Lewis)は，分子 A－B 間の結合は，A－B 間で電子対を共有することによって起こると考え，これを A：B のように表した。ルイス式は**点電子表記法**ともよばれ，最外殻に存在する電子(価電子)を点で表す(図 1.13)。

分子は，H を除く典型元素において，各元素のまわりの総価電子数が 8 になるときに安定に存在しやすい。これを**オクテット則**とよぶ。図 1.14 に，例として NH$_3$ のルイス式を示す。N 原子は 8 個の価電子で囲まれている。電子対のうち，原子間に存在して結合に関与しているものを**共有電子対**(shared electron pair)，結合に関与しない電子対を**孤立電子対**(lone pair，または非共有電子対)とよぶ。

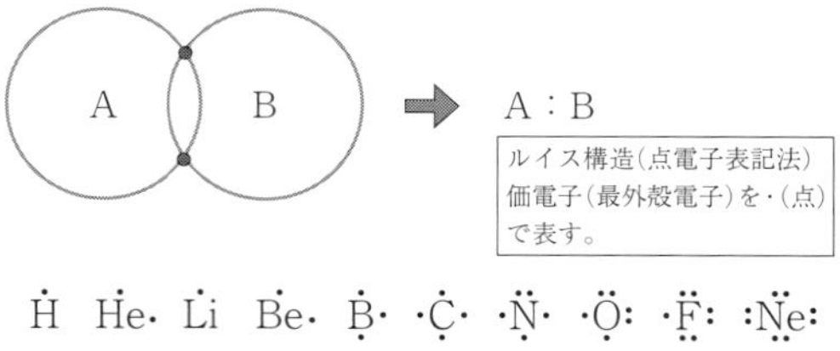

Ḣ He: Li· Be· ·Ḃ· ·Ċ· ·Ṅ· ·Ö· ·F̤: :N̤e:

図 1.13 ルイス式（点電子表記法）

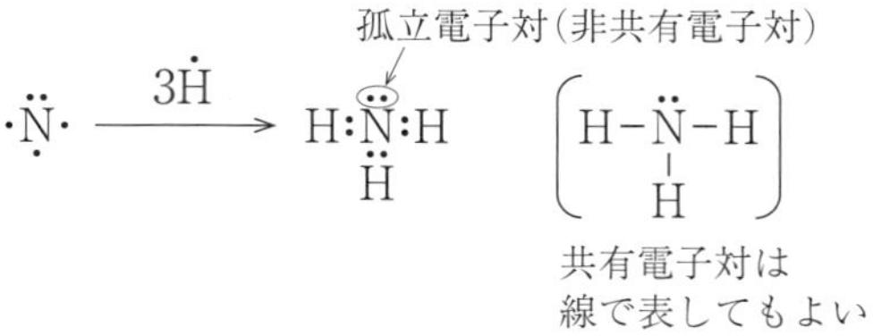

図 1.14 オクテット則

ルイス式記述法は有機化学の反応機構を表すのに有用な表記法であるが，いくつかの問題もあった．ルイス式においては電子対が局在して描かれており，実際の分子の結合特性と異なる場合がある．たとえば，NO_2^- 分子は，ルイス式では図 1.15(a) のように表記される．しかし，実験では 2 つの N－O 結合は等価であることがわかっている．そこで，可能ないくつかの構造式を加重平均した構造が実在すると考える「共鳴」の概念を導入し，図 1.15(b) のような**共鳴構造式**を描いて，この状態を表す．各構造式は**極限構造式**とよばれ，実際の分子は各極限構造式の平均的な状態をとる．

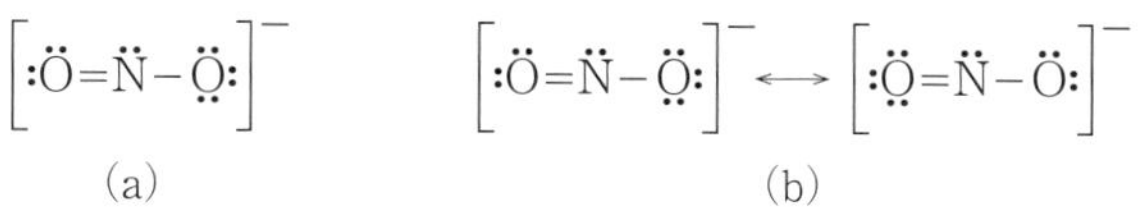

図 1.15 共鳴構造式

もう一つの問題として，ルイス式は非常に単純な表記法であるため，分子の形（立体構造）を説明できない．ここでは，分子の形を予測する考え方として，**VSEPR**（Valence shell electron pair repulsion）**モデル**（原子価殻電子対反発モデル）を取り上げる．VSEPR モデルでは，共有電子対，孤立電子対などの高電子密度領域は，互いにできるだけ離れた位置をとると考える．

VSEPR モデルにおいては，まず，注目する分子における高電子密度領域の数（ここでは**占有度**とよぶ）を決定する．占有度と，高電子密度領域の基本的配置には，表 1.7 の関係がある．分子のルイス式を描き，AB_xE_y の形で表すと，占有度は $(x+y)$ で求められる．ここで，

A：中心原子，
B：A に結合している原子（x：原子の数），
E：A の孤立電子対（y：孤立電子の数）

1.2 分子の構造と結合

表 1.7 高電子密度領域の基本的配置

高電子密度領域(占有度)の数	配 置
2	直線形
3	平面三角形
4	四面体形
5	三方両錐形
6	八面体形

である。NH_3 を例にして考えると，図 1.14 のルイス式より AB_3E_1 であり，占有度は $3+1=4$ となる。表 1.7 より，占有度が 4 のときの高電子密度領域の基本的配置は四面体である。これは孤立電子対を含んだ配置であるので，NH_3 分子の形としては三方錐形となる。

次に，電子対間の反発を考慮して，この基本形を修正していく。電子対間の反発の大きさには，次のような序列がある。

　　孤立電子対－孤立電子対＞孤立電子対－共有電子対＞共有電子対－共有電子対

もし，孤立電子対を含む分子の形が正四面体であれば，NH_3 の HNH 結合角は 109.5° である。しかし，孤立電子対と共有電子対の反発は，共有電子対どうしのそれよりも大きいので，実際の結合角は 109.5° よりもせまいことが予想される。実験事実として，HNH 結合角は 107° である。このように，VSEPR モデルでは，厳密な結合角度までは予想できないものの，基本的な対称形からのひずみの程度を予想できる。

さて，読者は，1.1.3 項で原子軌道について学習した。共有結合生成によって，原子軌道はどのように変化するのだろうか。この議論の初期には，原子軌道の相互作用により，新しい分子軌道ができるという考え方が，「昇位」と「混成」の概念により発展した。例として，BeH_2 分子を考える(図 1.16)。BeH_2 はオクテット則にあてはまらない電子不足化合物であり，ルイス式では H：Be：H と表される。Be の 2 個の価電子を 1 個ずつ H と共有して分子をつくる。BeH_2 分子は，VSEPR 理論によると，高電子密度領域の数(占有度)は 2 であり，直線状の分子である。もしこのとき，Be の 2p 軌道と H

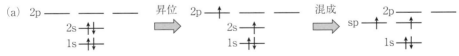

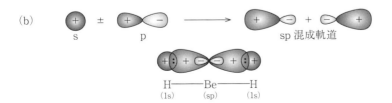

図 1.16　昇位と混成の概念。(a) Be の基底状態の電子配置の変化，(b) sp 混成軌道の生成。

の 1s 軌道が相互作用して，分子軌道ができるとすると，HBH 結合角は 90° となってしまう。一方，結合を形成するとき，Be の 2s 軌道の電子が 2p 軌道に移動し（昇位），その 2p 軌道と 2s 軌道が相互作用して（混成）2 つの新しい混成軌道（sp 混成軌道）ができると考えると，分子の直線性を説明できる。同様にして，1 つの s 軌道と 2 つの p 軌道から 3 つの等価な sp^2 混成軌道（平面三角形構造），あるいは 1 つの s 軌道と 3 つの p 軌道から 4 つの等価な sp^3 混成軌道（四面体構造）が形成されると考えると，分子の形が矛盾なく説明できる。

現代においては，化学結合の形成は**分子軌道理論**(Molecular orbital theory，MO 理論)により理解されている。1.1.3 項でみたように，原子軌道における電子の振る舞いは，波動関数で記述される。MO 理論では，分子の波動関数は，原子の波動関数の足し合わせで近似できると考える（図 1.17）。いま，原子 A と原子 B があり，これらの波動関数をそれぞれ ψ_A, ψ_B とおくと，分子 AB の波動関数は，式(1.24)のように表せる。

$$\Psi = c_A\psi_A + c_B\psi_B \tag{1.24}$$

係数 c_A と c_B は，それぞれの原子軌道が分子軌道に対してどれだけ寄与するかの割合を示している。ここで，c_A, c_B, ψ_A, ψ_B はすべて実数である。1.1.3 項で述べたように，軌道中で電子を見いだす確率は Ψ^2 に比例する。

$$\Psi^2 = c_A{}^2\psi_A{}^2 + 2c_Ac_B\psi_A\psi_B + c_B{}^2\psi_B{}^2 \tag{1.25}$$

式(1.25)において，$c_A{}^2$ は軌道 ψ_A に電子がみつかる確率，$c_B{}^2$ は軌道 ψ_B に電子がみつかる確率である。$2c_Ac_B\psi_A\psi_B$ の項は**重なり密度**とよばれ，原子核間の領域に電子を見いだす確率を示している。

水素分子(H_2)を例にとって考えてみよう。H_2 は等核二原子分子であるため，電子はどちらの核の近くにも等しい確率でみつかるはずである。したがって，分子軌道におけ

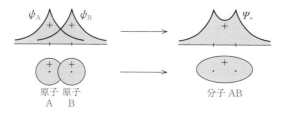

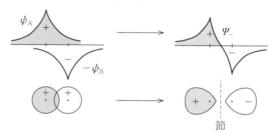

図 1.17 (a) 結合性軌道，(b) 反結合性軌道

1.2 分子の構造と結合

る各 1s 軌道の寄与は等しく $c_A{}^2 = c_B{}^2$ である。これを満たすためには $c_A = c_B$ あるいは $c_A = -c_B$ であり、式 (1.26), (1.27) のように 2 つの分子軌道が生じる。ここで規格化（電子の存在確率の和を 1 とすること）は無視している。

$$\Psi_+ = \phi_A + \phi_B \tag{1.26}$$

$$\Psi_- = \phi_A - \phi_B \tag{1.27}$$

式 (1.26) は同符号の 2 つの波動関数を足し合わせたものであり、式 (1.27) は ϕ_A と $-\phi_B$ を足し合わせたものと考えられる。したがって、これらは図 1.17 のように表される。Ψ_+ は、原子核間において末端よりも大きな値をとることから、原子核間の電子密度が比較的高い（図 1.17(a)）。一方、Ψ_- は、原子核間で波動関数がゼロとなる節をもち、核間における電子密度が低い（図 1.17(b)）。このことは式 (1.25) からもいえる。$(\Psi_+)^2$ では重なり密度が $2\phi_A\phi_B$ となり、原子核間に電子を見いだす確率が増大するが、$(\Psi_-)^2$ では $-2\phi_A\phi_B$ が現れ、電子が核間に存在する確率は減少する。Ψ_+ における電子は、正電荷をもつ 2 つの核から同時に引力を受けている状態とみなすことができるため、Ψ_+ によって規定される分子軌道のエネルギーは、もとの H の原子軌道のエネルギーよりも低い（図 1.18）。このため、Ψ_+ によって表される分子軌道を、**結合性軌道** (bonding orbital) とよぶ。逆に Ψ_- で表される分子軌道のエネルギーは、もとの原子軌道のエネルギーよりも高くなる。このため、Ψ_- の軌道を**反結合性軌道** (antibonding orbital) とよぶ。H_2 分子においては、各 H 原子からの計 2 個の電子が、よりエネルギーの低い結合性軌道に逆スピンで入る。

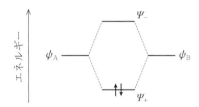

図 1.18 H_2 の分子軌道のエネルギー準位図

H_2 の分子軌道は、H 原子の 1s 軌道どうしの重なりによって生じる軌道であった。原子軌道が有効な重なりをもちさえすれば、分子軌道は s 軌道からだけではなく、s 軌道と p 軌道、あるいは p 軌道と p 軌道といった組合せからも生じる。各種軌道の組合せによる分子軌道の例を、図 1.19 に示す。ここでは、核と核を結ぶ軸を z 軸にとっている。z 軸に対して円筒状の対称性をもつ結合を **σ 結合**、z 軸まわりに 180° 回転したときに符号が入れ替わる結合を **π 結合**とよぶ。また、反結合性軌道は、σ や π の右肩に * (アスタリスク) をつけて区別する。

続いて、Li_2 から F_2 までの等核二原子分子の分子軌道を考えよう。ここでは、2s, 2p 原子軌道から図 1.20, 1.21 のようなエネルギー準位をもつ分子軌道が形成される。原子軌道どうしは、エネルギーが近い場合に有効な重ね合わせ（相互作用）を生じるという一般的性質がある。このため、$Li_2 \sim N_2$ までと、O_2, F_2 において、原子軌道どうしの相互作用に違いがみられる。周期表を右にいくと、2s 原子軌道と 2p 原子軌道のエネル

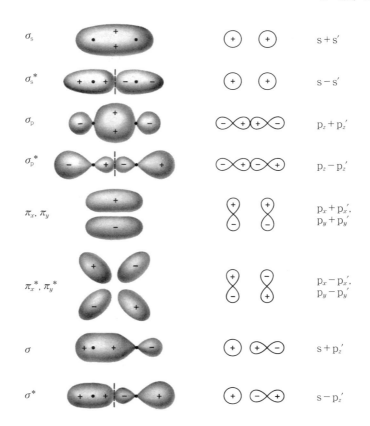

図1.19 さまざまな分子軌道

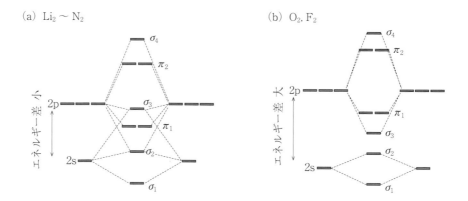

図1.20 等核二原子分子のエネルギー準位図

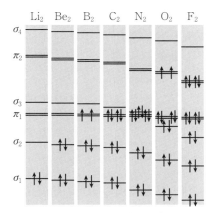

図 1.21　$Li_2 \sim F_2$ の分子軌道のエネルギー準位図

ギー差が大きくなる。O_2, F_2 では，2s 軌道と 2p 軌道のエネルギー差が十分に大きく，2s, 2p 軌道間の相互作用は無視できる（図 1.20(b)）。一方，$Li_2 \sim N_2$ では，2s 軌道と $2p_z$ 軌道の重なりが有効となり，σ_3 軌道のエネルギー準位が上がって π_1 軌道よりも高い位置にくる（図 1.20(a)）。

電子はエネルギー準位の低い軌道から，フントの規則，パウリの排他原理を満足するように配置する（図 1.21）。**結合次数** b は次式 (1.28) のように定義される。ここで，n は結合性軌道の電子数，n^* は反結合性軌道の電子数である。

$$b = \frac{1}{2}(n - n^*) \tag{1.28}$$

たとえば，N_2 は結合性軌道の $\sigma_1, \pi_1, \sigma_3$ 軌道に計 8 個，反結合性軌道の σ_2 軌道に 2 個の電子をもつため，結合次数は $(8-2)/2 = 3$ である。結合次数が大きいほど，分子の結合エネルギーは大きく，結合距離は短くなる傾向がある。

また，分子軌道において，構成原理に従って各軌道に電子を入れていったとき，最後に電子を入れた軌道を**最高被占軌道**（Highest occupied molecular orbital, HOMO），HOMO の次にエネルギー準位の高い軌道を**最低空軌道**（Lowest unoccupied molecular orbital, LUMO）とよぶ。たとえば，F_2 分子の HOMO は π_2，LUMO は σ_4 である。HOMO と LUMO は分子の反応を議論するときにきわめて重要な役割を果たす。

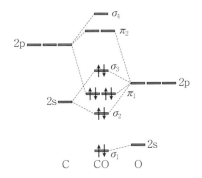

図 1.22　CO 分子の分子軌道のエネルギー準位図

MO理論は，異核の二原子分子や，他原子分子へも拡張できる。例として，図1.22にCO分子の分子軌道のエネルギー準位図を示す。O原子の2s, 2p軌道の有効核電荷は，C原子の2s, 2p軌道の有効核電荷よりも大きいため，O原子の原子軌道のエネルギー準位は，C原子のそれよりも全体的に低い位置にある。すると，C原子の2s軌道とO原子の$2p_z$軌道のエネルギーが近くなり，これらが相互作用できる。

1.2.2 イオン結合

1.1.5項では，電気陰性度の概念を学んだ。そして，電気陰性度の大きな原子と小さな原子が結合した場合，電気陰性度の小さな原子から大きな原子へ電子が移動し電気陰性度の大きな原子が負に帯電し，電気陰性度の小さな原子が正に帯電した極性を有する結合となる。これら2つの原子間の電気陰性度の差が大きくなり，ポーリングの定義による電気陰性度の差で2以上では，電気陰性度の小さな原子の最外殻の電子が電気陰性度の大きな原子に移り，イオン結合を形成すると考えられている。イオン結合は，正に帯電した陽イオンと負に帯電した陰イオンの間でおもに静電気力により形成される結合である。イオン結合による化合物は，固相では陽イオンと陰イオンが規則正しく無限に整列した結晶を形成し，気相ではイオン対分子として存在する。また，液相では，溶媒分子との相互作用で個々のイオンに解離した状態として存在する場合がある。

ここで，ナトリウム(Na)原子と塩素(Cl)原子からイオン結合を有する代表的な塩化ナトリウム(NaCl)ができる過程について考えてみよう。$1s^22s^22p^63s^1$の電子配置をもつNa原子は，他の原子と反応する場合に，できるだけ安定な電子配置をとろうとする。Naに最も近い安定な不活性ガスはネオン(Ne)であり，その電子配置は$1s^22s^22p^6$である。もし，Naが最外殻から電子を1個失うと安定なNeと同じ電子配置を有する状態になり，一価の陽イオンNa^+となる。一方，Cl原子の電子配置は$1s^22s^22p^63s^23p^5$であり，安定な不活性ガスのArの電子配置$1s^22s^22p^63s^23p^6$と比べて1つ電子が不足している。そこでCl原子は1つ電子を得て，一価の陰イオンであるCl^-となり安定なArと同じ電子配置をとる傾向がある。そこで，Na原子とCl原子が反応すると，Naの最外殻電子1つがClの最外殻へ移動しNa^+とCl^-になり，ともに安定な不活性ガス原子の電子配置をとることができる。この過程はエネルギー的にも非常に有利であるため，Na原子とCl原子が反応するとNa^+とCl^-となりイオン結合を有するNaClとなる。また，陽イオンと陰イオンから構成される物質は，構成イオンの種類と，その数の割合を，最も簡単な整数比で示した組成式で表される。

イオンは対応する原子の状態よりも電子数がより多いか少ないため，当然に原子半径とは異なる大きさを有する。ゴールドシュミット(Goldschmidt)はF^-のイオン半径を基準にとり0.133 nmとした。また，ポーリングはO^{2-}のイオン半径を0.140 nmとしたイオン半径表を発表している。現在では，最も広く用いられているものにシャノン(Shannon)のイオン半径表がある。

イオン半径には次のような特徴がある。
　①希ガス型およびそれと同様の電子配置をとり，原子価が同じイオンであれば原子番号の増加にともないそのイオン半径も大きくなる。

1.2 分子の構造と結合

表 1.8 代表的なイオンのシャノンのイオン半径（配位数が記されていない場合は 6 配位とする）

	イオン	Z	半径 [pm]
アルカリ金属	Li^+	3	90
	Na^+	11	116
	K^+	19	152
	Rb^+	37	166
	Cs^+	55	181
アルカリ土類金属	Be^{2+}	4	59
	Mg^{2+}	12	86
	Ca^{2+}	20	114
	Sr^{2+}	38	132
	Ba^{2+}	56	149
その他の陽イオン	Al^{3+}	13	68
	Zn^{2+}	30	88
	Ti^{2+}	22	100
	Ti^{3+}	22	81
	Ti^{4+}	22	75
	Fe^{2+}（4配位，高スピン）	26	77
	Fe^{2+}（6配位，高スピン）	26	92
	Fe^{2+}（6配位，低スピン）	26	75
	Fe^{3+}（4配位，高スピン）	26	63
	Fe^{3+}（6配位，高スピン）	26	78.5
	Fe^{3+}（6配位，低スピン）	26	69
ハロゲン化物イオン	F^-	9	119
	Cl^-	17	167
	Br^-	35	182
	I^-	53	206
16族の陰イオン	O^{2-}	8	126
	S^{2-}	16	170
	Se^{2-}	34	184
	Te^{2-}	52	207

②電子数の同じ陽イオンにおいて，原子価が大きくなるほどイオン半径は小さくなる．

③電子数の同じ陰イオンにおいて，原子価が大きくなるほどイオン半径も大きくなる．

表 1.8 に代表的なイオンについてシャノンのイオン半径をまとめて記した．

陽イオンと陰イオンがイオン結合を形成するとイオン結晶が形成される．イオン結晶 1 mol を個々のイオンに分解するのに必要なエネルギーを**格子エネルギー**といい，記号 U で表す．この格子エネルギーは，直接測定しなくても，図 1.23 に示した**ボルン (Born)-ハーバー (Haber) サイクル**を用いることによって計算で求めることができる．ΔH_1 は，1 mol の固体の Na と 1/2 mol の気体の Cl_2 から 1 mol の固体の NaCl が生成する反応

$$Na(s) + \frac{1}{2}Cl_2(g) \rightarrow NaCl(s)$$

の生成熱である．また，ΔH_2 は固体の Na(s) が気体の Na(g) になる反応の昇華熱，ΔH_3

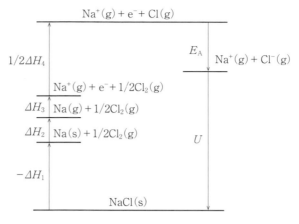

図 1.23 ボルン-ハーバーサイクル

は Na(g) がイオン化し Na$^+$(g) になるイオン化エネルギー，ΔH_4 は，1 mol の Cl$_2$(g) が 2 mol の Cl 原子に解離する解離エネルギーである．また，E_A は，Cl(g) が Cl$^-$(g) になる電子取得のエネルギーである．これらのエネルギー値を用いると

$$U = -\Delta H_1 + \Delta H_2 + \Delta H_3 + \frac{1}{2}\Delta H_4 - E_A$$

の関係が成り立つ．ここで NaCl について具体的な各エネルギーの値は次のようになる．$\Delta H_1 = -411\ \mathrm{kJ\ mol^{-1}}$，$\Delta H_2 = 89\ \mathrm{kJ\ mol^{-1}}$，$\Delta H_3 = 496\ \mathrm{kJ\ mol^{-1}}$，$\Delta H_4 = 240\ \mathrm{kJ\ mol^{-1}}$，$\Delta E_A = 349\ \mathrm{kJ\ mol^{-1}}$．これらの値を代入して U を求めると $767\ \mathrm{kJ\ mol^{-1}}$ となる．

格子エネルギー U は，イオン結晶内のすべてのイオン間のクーロンポテンシャルの総和を計算することでも求めることができ，次の**ボルン-マイヤー(Mayer)の式**で与えられる．

$$U_0 = -\frac{N_A M q^+ q^- e^2}{4\pi\varepsilon_0 d}\left(1 - \frac{\rho}{d}\right) \tag{1.29}$$

この式で求まる格子エネルギー U_0 は，絶対零度での 1 mol のイオン結晶を気化するのに必要なエネルギーの値となる．

ここで，N_A はアボガドロ数，定数 M は結晶の幾何学的構造で決まる**マーデリング(Madelung)定数**である．表 1.9 には代表的な結晶についてマーデリング定数の値を記した．また，q^+，q^- は陽イオンと陰イオンの価数，d はイオン間の距離，ρ は反発力を表すソフトネスパラメーターとよばれるものである．ρ は通常 $0.310 \sim 0.384 \times 10^{-10}$ m の値をとり，NaCl では $\rho = 0.345 \times 10^{-10}$ m である．

表 1.9 結晶構造とマーデリング定数

構　造	マーデリング定数 M	構　造	マーデリング定数 M
塩化ナトリウム型	1.748	ウルツ鉱型	1.641
塩化セシウム型	1.763	蛍石型	2.519
閃亜鉛鉱型	1.638	ルチル型	2.408

1.2.3 金属結合

多くの金属元素が集まって単体金属や合金をつくるとき,金属元素どうしによって形成されるのが金属結合である。典型的な金属元素であるナトリウム(Na)を例に金属結合をみてみよう。Na は原子番号が 11 で,合計 11 個の電子をもっている。その電子は下記のように 1s から 3s の電子軌道に,エネルギー準位の低い軌道から順に満ちるように,( )内に記した数ずつ入っている。最外殻の 3s には 1 個の電子(価電子)があることがわかる。

$$\underset{\text{K殻}}{1s(2)} \quad \underset{\text{L殻}}{2s(2) \quad 2p(6)} \quad \underset{\text{M殻}}{3s(1) \quad 3p(0) \quad 3d(0)}$$

Na は最外殻の 3s 軌道にある 1 個の電子を放出して陽イオン(Na^+)になる。

$$Na \rightarrow Na^+ + e^-$$

多くの Na 原子が結合をつくるまでに接近すると,最外殻の 3s 軌道は互いに重なり合い,集合した原子数に相当する数の分子軌道がつくられる。図 1.24 に示すように,その分子軌道エネルギーは連続した帯(バンド)のようになるので,これを**エネルギーバンド**とよぶ。エネルギーバンドにある価電子は,特定の原子核の近傍に固定されることなく金属結晶内を自由に動きまわることができる。このような状態の電子を**自由電子**(free electron)とよぶ。図 1.25 に模式的に示すように,ナトリウム結晶では,規則配列した Na^+ の間を電子(e^-)が自由に動きまわり,これらの自由電子がすべての陽イオンを結びつけている。

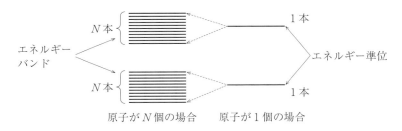

図 1.24 エネルギーバンド生成の概念図

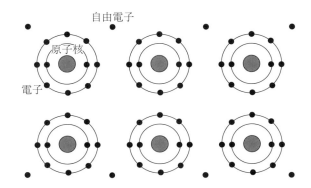

図 1.25 Na 金属の結合模式図

以上のように,陽イオンを結びつける自由電子の存在が金属結合の特徴である。金属がもつ高い電気伝導性や熱伝導性,展性・延性,金属光沢などの特性は,自由電子の存在と関係している。

1.2.4 その他の結合――配位結合,水素結合――
化学結合にはその他に配位結合,水素結合などがある。

(1) 配 位 結 合
共有結合では,2つの元素が互いに不対電子を出しあい,その電子を共有しあって結合する。これに対し,配位結合では,片方の元素だけが電子対を提供して,それを2つの元素間で共有して結合を形成する。

たとえば窒素(N)は,7個の電子が次のように電子軌道に存在し,5個の価電子をもつ。

$$\underset{\text{K殻}}{\underline{1s(2)}} \quad \underset{\text{L殻}}{\underline{2s(2) \quad 2p(3)}}$$

1.2.1 項で述べたように,アンモニア(NH_3)は式(1.30)のように窒素が3つの水素と共有結合して形成される。ここでアンモニアの窒素には水素との共有結合に関与していない2個の電子(非共有電子対)がある。したがって,NH_3 は,電子対を供与することができる**ルイス塩基**でもある。ルイス塩基である NH_3 からルイス酸であるプロトン(H^+)に電子対が供与されることにより,アンモニウムイオン(NH_4^+)が形成される(式(1.31))。このときの結合を**配位結合**(coordination bond)という。

$$\cdot \ddot{N} \cdot + 3H \cdot \longrightarrow H : \underset{\underset{H}{\ddot{}}}{\ddot{N}} : H \tag{1.30}$$

$$H : \underset{\underset{H}{\ddot{}}}{\ddot{N}} : H + H^+ \longrightarrow H : \underset{\underset{H}{\ddot{}}}{\overset{H^+}{\underset{\uparrow}{\ddot{N}}}} : H \tag{1.31}$$

NH_4^+ では,共有結合も配位結合も窒素の sp^3 軌道と水素の 1s 軌道から形成される等価な分子軌道でできているため,イオン内の4つの結合に違いはない。このため,結合ができてしまえば,配位結合と共有結合の見分けはつかない。

配位結合は多くの錯体にその例がみられる。13族元素の共有結合化合物で強いルイス酸となるもの,あるいは空のd軌道などをもつ 3〜11 族の遷移金属元素の多くは,配位結合によって種々の金属錯体を形成する。これらにおける π 供与性の配位結合や sp^3d 混成軌道から形成される配位結合は,アンモニウムイオンの場合と異なり,共有結合とは電子軌道が等価でないため性質が異なる。

（2） 水素結合

水素結合は，水素(H)が電気陰性度の大きな2個の元素(XとYとする)†の間にあるときつくる結合で，模式的にX−H⋯Yのように表される。ここで，X−Hは部分的にイオン性をもつ共有結合，H⋯Yが水素結合である。

水素は1個の電子をもつが，電気陰性度の大きい原子(X)と共有結合性の結合をすると，水素の電子はXに引き寄せられ水素は正に帯電する。そして，近傍に別の電気陰性度の大きい原子(Y)があると，これと静電気力(クーロン力)で引き合い水素結合を形成する。

水素結合は，共有結合やイオン結合に比べ結合の強さは1/10くらいであるが，ファンデルワールス力(分子間力)よりも10倍程度大きく，図1.26, 1.27に示すように，氷や水のなかの水分子どうしの結合やDNAの塩基対の形成などにみられ，固体や液体のなかでの分子相互の配向を決める重要な役割をもっている。

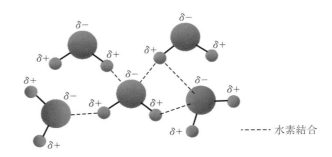

図1.26 水中における水分子の水素結合ネットワーク

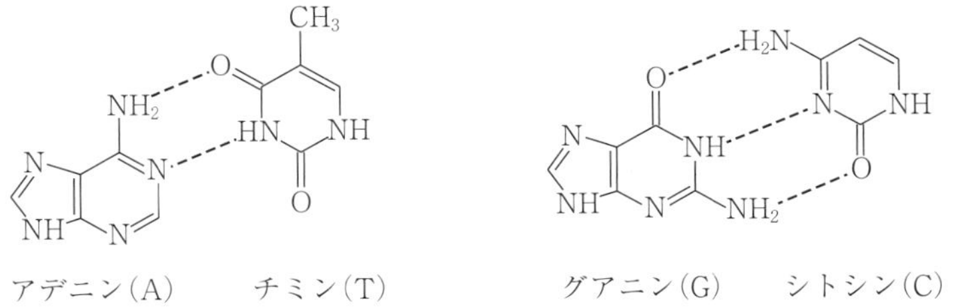

図1.27 DNA中のアデニン(A)とチミン(T)，グアニン(G)とシトシン(C)間の水素結合

---

† 電気陰性度の大きいX, Y元素とは，窒素，酸素，フッ素などのハロゲン原子である。IUPAC(国際純正・応用化学連合)が2011年に提案した「水素結合の定義」のなかでは，Xは水素よりも電気陰性度の大きい元素，Yはπ電子などを含む水素結合受容体とされている。(IUPAC Project(2004-026-2-100)Technical Report & Recommendation, Pac誌, 2011年7月)

演習問題 1

[1]　次の原子またはイオンの電子配置を次の例のように書きなさい。
　　例：F　[He]$2s^2 2p^5$
　　(1)　Cl^-　　(2)　Cu　　(3)　Cr^{3+}　　(4)　Fe^{2+}　　(5)　Y

[2]　スレーターの規則を使って有効核電荷 Z_{eff} を求めなさい。
　　(1)　O 原子の 2p 電子
　　(2)　Ni 原子の 3d 電子
　　(3)　Ni 原子の 4s 電子

[3]　第一イオン化エネルギーは同一周期内では原子番号の増加とともに大きくなる傾向があるが一部減少する場合がある。以下の 3 つの場合について，その理由を簡単に説明しなさい。
　　(1)　Ne (原子番号 10) から Na (原子番号 11) になる場合。
　　(2)　Mg (原子番号 12) から Al (原子番号 13) になる場合。
　　(3)　P (原子番号 15) から S (原子番号 16) になる場合。

[4]　O_2 分子が不対電子を有し常磁性(磁石に引きつけられる性質)を有する理由を 2s, 2p 軌道の関与した分子軌道エネルギー準位図を描き，そこへ電子配置を描き入れて説明しなさい。

[5]　以下の分子について，2s, 2p 軌道の関与した分子軌道エネルギー準位図を描き，そこへ電子配置を描き入れなさい。また，結合性軌道に入っている電子数，反結合性軌道に入っている電子数，結合次数をそれぞれ求め，書きなさい。
　　(1)　N_2　　(2)　O_2^-　　(3)　C_2^{2-}

[6]　ハロゲン化水素の沸点が HCl, HBr, HI の順に高くなる理由を説明しなさい。

[7]　ハロゲン化水素であるにもかかわらず分子量の小さな HF が分子量の大きな HCl よりも沸点の高い理由を説明しなさい。

[8]　VSEPR モデルを使って次の分子の形を立体的に描きなさい。また，中心原子における非共有電子対の位置も示しなさい。
　　(1)　NF_3　　(2)　SF_4　　(3)　SbF_4^-　　(4)　XeF_5^+

2

固体物質の構造と性質

2.1 固体物質の種類と分類

　無機物質の多くは固体として存在するため,固体物質の構造と性質を学ぶことは無機化学の分野では特に重要である。本章を学ぶにあたり,各物質を分類することからはじめることにする。

　固体は,気体や液体と同様,原子・イオン・分子などの粒子が集合して成り立っているが,これらの粒子の配置によって分類することができる。固体を構成する粒子が規則的に配列しているものを**結晶**,規則性がないものを**非晶質**とよぶ。本章では,結晶の構造についておもに学んでいく。非晶質固体にはケイ酸塩ガラスやアモルファス金属など実用上重要な材料が数多く含まれるが,これらの化合物を論じるのは基礎化学の範囲をこえるため,詳しくは他書に譲りたい。

　粒子の間にはたらく化学結合の違いによっても固体物質を区別することが可能であり,分子性,イオン性,共有結合性,金属性の各固体に分類される。これら4種類の固体物質について,特徴と代表的な物質を表2.1にまとめる。

　分子性固体は,分子間力によって原子や分子が結合しており,代表的な物質としてドライアイス(CO_2),水(H_2O)があげられる。分子性固体中の粒子間にはたらく分子間力

表2.1 固体の種類と特徴

	分子性	イオン性	共有結合性	金属性
構成粒子	分子または原子	陽イオン・陰イオン	原子	金属イオン+自由電子
粒子間にはたらく結合力	分子間力	静電力(クーロン力)	共有結合	金属イオンと自由電子の間の静電引力
特徴	やわらかく,融点・沸点が低い	硬くもろい融点が高い	きわめて硬い融点が高い	高い電気伝導性,熱伝導性 金属光沢 高い延性・展性
代表例	CO_2(ドライアイス) H_2O(氷)	NaCl(岩塩) CaF_2(蛍石) CaO(生石灰)	ダイヤモンド SiO_2(石英) SiC(カーボランダム)	Au, Ag, Cu, Na, Fe, Hg

は他の引力に比べて弱く，比較的小さな熱エネルギーによって粒子間の結合を切ることができる。したがって，分子性固体は一般に融点や沸点が低い。

イオン性固体は陽イオンと陰イオンから構成されており，代表的な物質として NaCl（岩塩），CaF_2（蛍石），CaO（生石灰）などがある。イオン性固体では（1.2.2項で述べたように）強い静電力が固体を形成する引力となっており，この強い結合力を反映して多くのイオン性固体は硬くて融点が高い。

共有結合性固体では，（1.2.1項で述べた）共有結合により原子どうしが互いに結合しており，固体全体を一つの巨大な分子とみなすことができる。炭素（C）の単体であるダイヤモンド，石英（SiO_2），カーボランダム（SiC）などが代表例である。個々の共有結合が強い力であり，これが物質中において網目状に存在していることから，共有結合性固体はきわめて硬く，高融点である。ダイヤモンドは最も硬い物質として知られ，似た構造をもつ SiC も大変硬く，研磨剤などに用いられている。

金属性固体では，（1.2.3項で述べた）金属結合が固体を形成する引力としてはたらいている。金属結合は2つの考え方により理解することができる。一つ目の考え方では，各原子が陽イオンとなって固体中に配置され，派生した電子が各原子に属するのではなく固体全体に広がって共有の「自由電子」となり，陽イオンと静電引力で結合をつくるとするものである。もう一つの考え方では，金属を巨大な分子であるとみなし，多数の原子軌道が相互作用して固体全体に広がった分子軌道がつくられるとする。いずれの考え方でも固体全体で共有された（＝非局在化した）電子が重要な要素であり，これが金属性固体の特徴，すなわち，高い電気伝導性・高い熱伝導性・金属光沢・高い延性や展性などの起源となっている。

2.2 結　晶

2.1節で述べたように，固体物質は原子・イオン・分子などの粒子の配列，すなわち，構造の観点から結晶と非晶質に分類される。身のまわりに存在する固体の多くが結晶であり，この節では結晶の構造について学ぶ。まず，結晶が構成粒子の規則的なくり返し配列により成り立っていることを述べる。次に，単純なモデルとして，原子やイオンを剛体球とみなし，球をできるだけ密に詰め込んだものが固体の結晶であると考える。実際，この「最密充填配置」が多くの金属結晶の構造をうまく記述できることをみる。また，セラミックスとよばれる無機化合物の構造がこの最密充填を出発点として理解できることを示す。

2.2.1　結晶格子・単位格子・結晶系

結晶は，ときとして目に見える大きさに成長し，幾何学的に美しい姿をみせてくれる。氷の結晶の正六角形を基本とした形状が身近な例である。また，さまざまな物質について高度な技術を用いて人為的に結晶をつくることが可能となっているが（図2.1），物質ごとに立方体や正六角柱などさまざまな形状の結晶が生成される。このような結晶

2.2 結　　晶　　　　　　　　　　　　　　　　　　　　　　　　　　　　33

図 2.1　さまざまな金属酸化物の単結晶の電子顕微鏡写真[1)]
(a) $LiCoO_2$, (b) $LiMn_2O_4$, (c) $LiNi_{0.5}Mn_{1.5}O_4$, (d) $Li_4Ti_5O_{12}$,
(e) $Li_5La_3Nb_2O_{12}$, (f) $Li_5La_3Ta_2O_{12}$

の端正な形状は，その中に存在する原子・イオン・分子が規則正しく配列していることの現れである。固体の構造を理解するうえで，この「規則配列」が重要な概念となる。

　結晶は，原子などの粒子が規則的にくり返し配列することにより構成される。結晶では，この規則配列が延々とくり返され膨大な数の粒子が物質中に存在するが，構造を理解するうえですべての粒子を記述する必要はなく，くり返しの模様と規則性にだけ注目すれば十分である。そこで，くり返し模様の詳細を扱うのは避け，簡便のため，くり返しの規則性だけに集中できるように模様の位置を点で表す。たとえば，図 2.2(a) の花柄の壁紙は花の絵が上下左右に等間隔で並んでおり，花の位置に点を置いてあげれば点が正方形の配置で並んでいることが容易に理解できる。

　結晶において，くり返し構造を表す点を **格子点** (lattice point)，そのくり返し図形を **結晶格子** (crystal lattice) とよぶ。結晶の周期性を結晶格子によって記述できれば，あとはくり返し模様を記述すればよい。結晶格子におけるくり返しの最小単位を **単位格子** (unit cell，または **単位胞**) という。図 2.2 の壁紙では単位格子は正方形であり（任意の 2

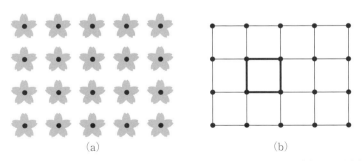

図 2.2　(a) 花柄のくり返し図形からなる壁紙。(b) 2 次元正方格子。黒点は格子点，太線の正方形は単位格子を表す。

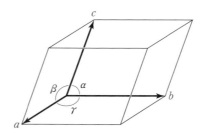

図2.3　3次元単位格子と格子定数

次元模様では単位格子は平行四辺形になる), 構成粒子が3次元的に配列した結晶では単位格子は平行六面体になる。単位格子の大きさと形を定義するため，**格子定数**(lattice constant)を定義する。図2.3のように，3つの辺の長さ a, b, c と各辺のなす角 α, β, γ によって単位格子が一意に決まる。結晶全体は単位格子が上下左右前後に連なって構成されており(これを**並進操作**という), 結晶の性質は単位格子のなかに含まれていることになる。

　結晶の構造を特徴づける単位格子は，形状の違いに着目して細分化することができる。たとえば，格子定数 a, b, c が互いに等しく α, β, γ がすべて 90° である，つまり単位格子が立方体の結晶は，$a \neq b \neq c$ および $\alpha \neq \beta \neq \gamma \neq 90°$ の単位格子をもつ結晶に比べて明らかに原子配列の対称性が高い。このような考えに基づき，すべての結晶は格子定数の間の関係に応じて7種の**結晶系**(crystal system，または**晶系**)に分類される。各結晶系について名称と単位格子の性質を表2.2にまとめた。これまでに見いだされている何百万もの結晶がわずか7種類の型に分類できることは，各物質における構造と性質の関連づけを簡略化し，固体化学と固体物理の発展に大いに貢献している。

表2.2　7種の結晶系

結晶系	稜の長さ	角度	単位格子を決定する格子定数
立方晶(cubic system)	$a = b = c$	$\alpha = \beta = \gamma = 90°$	a
正方晶(tetragonal system)	$a = b \neq c$	$\alpha = \beta = \gamma = 90°$	a, c
直方晶(orthorhombic system)（斜方晶）	$a \neq b \neq c$	$\alpha = \beta = \gamma = 90°$	a, b, c
六方晶(hexagonal system)	$a = b \neq c$	$\alpha = \beta = 90°, \gamma = 120°$	a, c
三方晶(trigonal system)	$a = b \neq c$	$\alpha = \beta = 90°, \gamma = 120°$	a, c
（菱面体）(rhombohedral system)	$a = b = c$	$\alpha = \beta = \gamma \neq 90°$	a, α
単斜晶(monoclinic system)	$a \neq b \neq c$	$\alpha = \gamma = 90°, \beta \neq 90°$	a, b, c, β
三斜晶(triclinic system)	$a \neq b \neq c$	$\alpha \neq \beta \neq \gamma \neq 90°$	$a, b, c, \alpha, \beta, \gamma$

2.2.2　X 線 回 折

　現代では，数多くの固体物質において原子がどのように配列しているか明らかになっている。以下では代表的な物質の結晶構造を学ぶことになるが，これらの知見はどうやって調べられたのだろう？　近年の電子顕微鏡技術の進歩により一つひとつの原子を

2.2 結晶

直接観察することができるようになったが，高性能な電子顕微鏡が登場するはるか昔から固体物質の結晶構造が精力的に調べられてきた．それを可能としたのが **X 線回折**(X-ray diffraction：**XRD**)である．

X 線は，我々が目で見ることができる可視光と同じ電磁波の一種である．両者の違いは波長の大きさであり，X 線の波長 0.05〜1 nm は可視光の波長 400〜800 nm に比べてずっと短い．X 線の波長が結晶中における原子配列の間隔とおおよそ等しいことが重要であり，X 線は規則配列した原子により干渉効果を示す．1912 年にドイツの物理学者ラウエ(Laue)は，結晶が照射した X 線に対して回折格子の役割をなすことを見いだした．そして 1913 年には，ブラッグ親子(William Henry & William Lawrence Bragg)が X 線の回折現象を利用して NaCl の結晶構造解析に初めて成功した．

結晶に X 線を照射すると，結晶中の各原子が X 線を吸収し，すべての方向に X 線を再放出する．つまり X 線は原子により散乱される(正確には，後で述べるように X 線を吸収再放出するのは原子中の電子である)．このとき，異なる原子の位置で X 線が散乱されれば X 線は互いに干渉し，位相のずれに依存して振幅が強め合ったり弱め合ったりする．XRD の実験では，干渉の結果強め合った散乱 X 線を検出する．このときの干渉条件は次の**ブラッグの式**により与えられ，散乱を引き起こした原子の間の距離 d を正確に求めることができる．

$$2d \sin \theta = \lambda \tag{2.1}$$

図 2.4 に示すように，距離 d だけ隔てられた平行な原子面に対し，波長 λ の X 線を入射角 θ で照射して散乱角 θ で検出する状況を考える．上部の原子面で散乱した X 線に比べて，隣接する下部の面で散乱した X 線は図中の太線部分だけ空間を余分に伝わり，その長さ(光路差)は簡単な幾何学を用いて $2d \sin \theta$ と計算される．この光路差が X 線の波長 λ と等しければ(すなわちブラッグの式を満たせば)，上下の原子面で散乱した X 線の位相がそろって強い散乱が起こる．

実際の粉末 XRD の実験では，結晶の粉末を試料板に敷き詰め，入射角 θ と散乱角 θ を等しく保ちながら θ を変化させて X 線強度を計測する．試料板上には膨大な数の結晶粒が存在するので，図 2.4 のように散乱をもたらす原子面と試料板がたまたま平行と

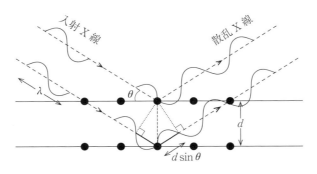

図 2.4　原子面による散乱 X 線の干渉

なる結晶粒が存在するはずであり，ブラッグの式が適用可能となる。図 2.5 は粉末 XRD パターンの一例であり，横軸を 2 倍の θ（**回折角**とよぶ）として散乱 X 線強度をプロットしたものである。いくつかの 2θ において鋭いピークが見られるが，各ピークはブラッグの式から導かれる原子面間隔に対応しており，対象の結晶が複数の面間隔で原子配列した 3 次元集合体であることがわかる。

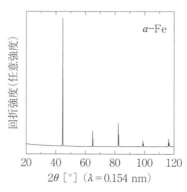

図 2.5 粉末 XRD パターンの一例：鉄（α-Fe 相）

粉末 XRD におけるピーク位置の情報から，単位格子の形状が明らかになる。また，同じ形状の単位格子でもその内部構造（くり返し模様）の違いによってピークの出現パターンが異なるため，詳しい原子配列を知ることができる。さらに，各ピークの強度も重要な情報を含んでいる。X 線を散乱するのは原子中の電子であり，1 つの原子による X 線の散乱能は原子番号におおよそ比例する。したがって，散乱 X 線の強度情報から元素の種類を見分けられる。これらの事実より，各物質は固有の元素の組合せと原子配列に由来した特徴的な XRD パターンを示す。現在，数多くの結晶から収集された XRD パターンがデータベース化されている。一般には International Centre for Diffraction Data (ICDD) の Powder Diffraction File (PDF) が広く用いられており，XRD パターンを指紋のように用いて測定試料中に該当物質が存在するか容易に確かめることができる。

2.3 金属結晶

2.3.1 金属の構造の種類

金属は，2.1 節で述べたように価電子が結晶全体に広がって固体を形成するため，方向性のある結合をもたず，単純な原子配置をとることが多い。そこで，モデルとして金属を構成する原子を剛体球と仮定し，これを空間へ詰め込んだものが結晶であると考える。各原子は互いに価電子を共有して結合エネルギーを得ているので，原子どうしが数多く接触し，結果として球を密に詰め込んだ構造が好まれる。単体金属の構造は，以下のように 4 種類の単位格子で表される。

2.3 金属結晶

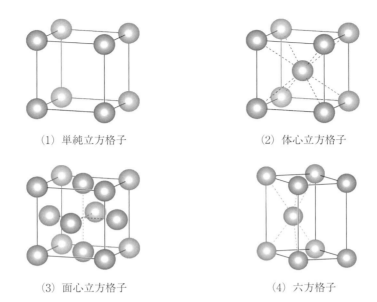

(1) 単純立方格子 (2) 体心立方格子

(3) 面心立方格子 (4) 六方格子

図2.6 単体金属の結晶構造

単純立方格子(primitive cubic unit cell)　最も単純な構造で，原子は単位格子である立方体の8つの頂点のみに位置する(図2.6(1))。それぞれの原子は立方体の辺(「稜(りょう)」という)に沿って接しており，1つの原子は6つの原子に取り囲まれている。この取り囲んでいる原子の数は**配位数**(coordination number)とよばれ，原子間の相互作用を議論する上で重要な数値である。配位数が大きいほど原子を密に詰め込んだ構造になる。単純立方格子は他の3つの格子に比べて充填率(後で述べる)が低く，結合エネルギーの観点から不利なため，この構造を示す金属単体は非常にまれである。

体心立方格子(body-centered cubic unit cell : bcc)　原子は立方体の8つの頂点とその中心(体心)に存在する(図2.6(2))。頂点にある原子は互いに離れており，体心にある原子と体対角線に沿って接触しており，配位数は8である。後で述べるように，体心立方格子は単純立方格子より高密度であり，この構造をもつ金属単体は少なくない。

面心立方格子(face-centered cubic unit cell : fcc)　原子は立方体の8つの頂点と6つの面の中心(面心)に存在する(図2.6(3))。頂点にある原子は面心の原子と面の対角線に沿って接触しており，配位数は12である。この12という配位数は幾何学的に可能な最大数であるため，面心立方格子は最も密度の高い構造，すなわち，**最密充填構造**(close-packed structure)である。

六方格子(hexagonal unit cell)　六方晶の結晶系に分類される構造である(図2.6(4))。面心立方格子と同様，最も密度の高い構造であるため**六方最密充填構造**(後で述べる)ともよばれる。配位数は面心立方格子と同じ12であるが，以下で示すように原子の詰め込み方が異なっている。

上記2種類の最密充填構造の違いを理解するため，これらの構造がどのように成り立っているか考える。まず，同一の球を一層にできるだけ密に敷き詰める。このとき得

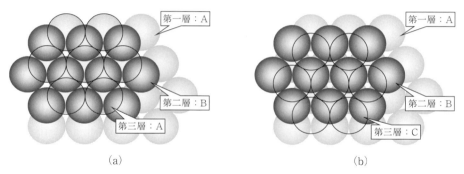

図 2.7 2種類の最密充填構造の成り立ち。(a) ABAB 構造：六方最密充填，(b) ABCABC 構造：立方最密充填。

られる「最密充填層」では，図 2.7 にみられるように 1 つの球が平面内で 6 個の球と接しており，各球が正三角形を隙間なく敷き詰めた模様(平面三角格子)をつくる。この第一層目の真上には，正三角形に配置した 3 つの球からなるくぼみが並んでおり，ここに球を置いていくと最密充填した第二層目が得られる。第一層目と第二層目は上から眺めたとき原子位置が互いに異なるので，それぞれ配置 A, B とよぶことにする。第三層目の置き方は 2 通りあり，一つ目の置き方では第三層の球が第一層の球の真上にくる。第四層目も同様な配置をくり返せば，この詰め込み方でつくられる構造は ABAB…と表記される。もう一つの置き方では，第三層の配置として第一，第二層で選ばなかった位置を選び，第四層目は第一層目の真上に球を配置する。この詰め込み方でつくられる構造は ABCABC…となる。

一つ目の ABAB 配置により六角柱形の格子が形成され，これが上記の**六方最密充填**(hexagonal close packing：hcp)に相当する。他方の ABCABC 配置は立方体の格子をもつため，**立方最密充填**(cubic close packing：ccp)とよばれる。後者は，上で紹介した面心立方格子にほかならない。fcc と ccp の一致を理解するのは少々難しいが，面心立方格子の体対角線に垂直な面に注目すると 3 種類の層(A, B, C)のくり返しになっていることをみてとれる(図 2.8)。

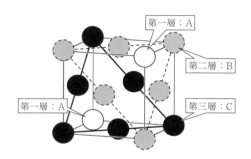

図 2.8 面心立方格子(fcc)と立方最密充填(ccp)構造の関係

2.3 金属結晶

2.3.2 金属の単位格子の充填率

結晶構造を議論するとき，原子の詰まり方の視点からそれぞれ比較すると特徴を理解しやすい。まず，各単位格子にいくつの原子が含まれているのか見ていく。結晶は単位格子を上下左右前後に隙間なく並べて構築するので，単位格子を表す立体の境界上に位置する原子を数えるとき注意が必要である。立方晶では，単位格子中に含まれる原子は以下のように数える。

- 頂点に位置する原子：1/8 個
- 面心に位置する原子：1/2 個
- 稜線上に位置する原子：1/4 個
- 体心など，格子内部に位置する原子：1 個

例として面心立方格子の場合(図2.6(3))，8つの頂点位置に1/8個ずつ，6つの面心位置に1/2個ずつの原子があるので，$1/8 \times 8 + 1/2 \times 6 = 4$ 個と計算される。

原子を剛体球とみなして3次元空間に並べていくと，原子によって占められていない空間が必ず生じ，その隙間の大きさは球の並べ方に依存して変化する。ここでは，この隙間または隙間でない部分(原子が占めている空間)の割合を幾何学的に計算して比較する。単位格子の体積 V に対して，単位格子中に存在する原子の体積の割合をその格子の**充填率** p という。原子の半径を r とすれば，p は以下の式で計算される。

$$p = \frac{\frac{4}{3}\pi r^3 Z}{V} \qquad (2.2)$$

ここで，Z は単位格子中の**化学式量**(化学式中の各原子の原子量の総和)である。立方格子の体積 V は一辺の長さ，すなわち格子定数を用いて a^3 と表される。各単位格子について，格子定数 a と球の半径 r の間の関係がわかれば p の値を計算することができる。面心立方格子を例にすると，先に述べたように，原子どうしは面の対角線に沿って接しているので，対角線の長さ $\sqrt{2}a$ は球の半径 r の4倍に等しい(図2.9)。したがって，$r = \sqrt{2}a/4$ が導かれ，これを式(2.2)へ代入して $p = 0.740$ が得られる。単純立方格子，体心立方格子についても原子どうしの接し方を考慮して同様に計算すると，充填率の値は 0.524, 0.680 となる。六方格子は計算がやや難しいが(「コラム：六方最密充填構造の充填率」参照)，充填率は面心立方格子と同じ 0.740 が得られる。両者は最密充填構造であり，充填率 0.740 は幾何学的な最大値となる。

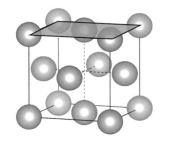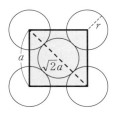

図 2.9　面心立方格子における原子半径 r と格子定数 a の関係

―― コラム：六方最密充填構造の充填率 ――

　図2.10に基づいて，六方最密充填構造の充填率を計算してみよう．この構造における単位格子の高さ，つまり格子定数 c は一辺の長さが a の正四面体の高さ h を2倍した長さに等しい．図2.10の三角形ADEに着目すると，$h\,(=c/2)$ はピタゴラスの定理より，

$$a^2 = h^2 + \left(\frac{a}{\sqrt{3}}\right)^2, \quad h = \frac{\sqrt{6}}{3}a \tag{2.3}$$

となる．単位格子の底面積は一辺 a の正三角形の面積を2倍した大きさに等しい．したがって，単位格子 $V_{\text{hexagonal}}$ の体積は式(2.4)で計算される．

$$V_{\text{hexagonal}} = \frac{\sqrt{3}}{2}a^2 \times \frac{2\sqrt{6}}{3}a = \sqrt{2}\,a^3 \tag{2.4}$$

　一方，六方最密充填構造の単位格子には，格子の頂点と格子内にそれぞれ1個ずつの計2個の原子を含んでいる ($Z=2$)．また，$r=a/2$ の関係を用いると，単位格子中の原子の体積 V_{atom} は式(2.5)のように計算される．

$$V_{\text{atom}} = 2 \times \frac{4}{3}\pi\left(\frac{a}{2}\right)^3 = \frac{\pi}{3}a^3 \tag{2.5}$$

これらの結果より，充填率 p は，

$$p = \frac{V_{\text{atom}}}{V_{\text{hexagonal}}} = \frac{\pi}{3\sqrt{2}} = 0.740 \tag{2.6}$$

となり，立方最密充填構造の充填率と同じ値が得られる．

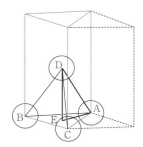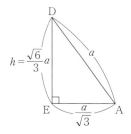

図2.10　六方最密充填構造における単位格子 a と c の関係

　これまで述べてきた4つの単位格子における構造上の特徴を表2.3にまとめた．最近接原子数(配位数)は　単純立方＜体心立方＜面心立方＝六方格子　と変化し，同じ順で充填率が大きくなることに注目してほしい．表に示したように，最密充填構造である面心立方格子と六方格子は結合エネルギーの観点から有利であるため，多くの金属元素がこれらの結晶構造をとる．体心立方格子は最密充填構造ではないが充填率の違いはわずかであり，この構造となる金属元素は少なくない．必ずしも最密充填構造とならず構造の多様性がみられるのは，原子間の共有結合性など電子的な要因が寄与していると考えられる．単純立方格子は充填率が低く非常にまれである．通常の条件下でこの構造を示す金属単体はポロニウムの一形態(α-Po)のみである．

　金属結晶の構造がわかると，その金属単体の理論密度を計算することができる．たとえば，金の結晶は面心立方格子であり，25℃での格子定数は $a=0.4079\,\text{nm}$ であること

2.4 イオン結晶

表2.3 4種の単位格子における構造上の特徴

名称	単位格子の体積 V	単位格子中の式量 Z	最近接原子数(配位数)	原子半径 r と格子定数 a の関係	充填率 p	金属の例
単純立方 cubic-P	a^3	1	6	$r = \dfrac{a}{2}$	0.524	α-Po
体心立方 bcc	a^3	2	8	$r = \dfrac{\sqrt{3}}{4}a$	0.680	Li, Na, Ba, Cr, Fe
面心立方 fcc (立方最密格子)	a^3	4	12	$r = \dfrac{\sqrt{2}}{4}a$	0.740	Al, Ca, Au, Ag, Cu, Ni
六方最密格子 hcp	$\sqrt{2}a^3$	2	12	$r = \dfrac{a}{2}$	0.740	Mg, Ti, Co, Zn

が知られている。金の原子量は197.0であるから，単位格子中の原子数が4個であることを踏まえて，密度 ρ は

$$\rho = \frac{197.0 \times 4}{(0.4079 \times 10^{-7})^3 \times 6.022 \times 10^{23}} = 19.28 \text{ g cm}^{-3} \tag{2.7}$$

と計算される。

2.4 イオン結晶

無機化合物の多くはイオン性固体であり，陽イオンと陰イオンが規則的に配列して結晶を形成している。この節では，イオン結晶について構造の成り立ちを議論し，また代表的な化合物の結晶構造をいくつか紹介する。多くのイオン結晶では電気的陽性な金属元素が陽イオン，電気的陰性な非金属元素が陰イオンとなる。(1.2.2項で述べたように)一部の例外を除いて陰イオンは陽イオンよりサイズが大きく，より大きな陰イオンがイオン結晶の基本骨格となることが多い。すなわち，多くのイオン結晶は，陰イオンが最密充填構造をつくり，隙間にサイズの小さな陽イオンを詰め込んだ構造と理解できる。

2.4.1 最密充填構造における隙間と結晶構造の成り立ち

最密充填構造には六方晶(hcp)と立方晶(ccp)の2種類あることを述べた。いずれの構造においても，6個の陰イオンで囲まれた八面体隙間(octahedral hole)と，4個の陰イオンで囲まれた四面体隙間(tetrahedral hole)の2種類が存在する。図2.11と図2.12に各最密充填構造における八面体・四面体隙間の位置を示す。ccp 構造において，単位格子あたり4個の八面体隙間が存在する。ccp 構造は面心立方格子にほかならないので，ccp 構造は4個の原子を含み，原子と八面体隙間の割合は1：1となる。一方，この構造中には単位格子あたり8個の四面体隙間が存在し，原子と四面体隙間の割合は1：2である。hcp 構造について同じように隙間の数を数えると，原子に対して八面体隙間と四面体隙間の割合はそれぞれ1：1, 1：2である。

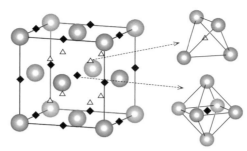

図 2.11 面心立方格子における八面体隙間と四面体隙間（それぞれ，黒四角形と白三角形で図示してある）

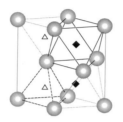

図 2.12 六方最密格子における八面体隙間と四面体隙間（それぞれ，黒四角形と白三角形で図示してある）

　単純なイオン性固体について，いくつかの典型的な結晶構造がみられる。たとえば，塩化ナトリウム型構造(岩塩型構造)は NaCl の鉱物名に由来するが，数多くの化合物が同じ構造をもつ。典型的な結晶構造は，図 2.13 に示すように陰イオンの最密充填構造と陽イオンが詰まっている隙間の違いにより系統的に類別される。個々の結晶構造について 2.4.2 項で詳しく述べるが，たとえば陰イオンが ccp 型に並んだ格子において，八面体隙間に陽イオンが詰まると塩化ナトリウム型構造，四面体隙間に陽イオンが詰まると逆蛍石型構造(すべての四面体隙間を占有)または閃(せん)亜鉛鉱型構造(1/2 の四面体隙間を占有)となる。

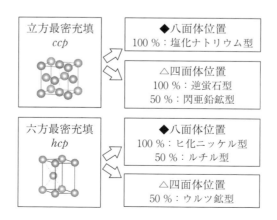

図 2.13 典型的な結晶構造の系統的類別

2.4.2 典型的な結晶構造

最も単純なイオン化合物は陽イオンと陰イオンを一種類ずつ含む。これらは**二元系化合物**とよばれ，陽イオンと陰イオンとなる原子種をそれぞれ A, X として A_aX_x の化学式で表される。そのなかでも，特に AX, AX_2, A_2X は結晶構造の成り立ちが理解しやすい。ここでは，典型的な二元系化合物の結晶構造をいくつか述べる。また，二種類の原子種 A, B を含む三元系化合物のうち，ABX_3 の化学組成をもつ重要な化合物群を紹介する。

塩化ナトリウム型構造　　塩化ナトリウム(NaCl)は，陰イオンの Cl^- が ccp 格子(面心立方格子)を形成し，そのすべての八面体隙間に陽イオンの Na^+ が入った構造をもつ(図 2.14)。結果として，陽イオンと陰イオンが 3 次元的に交互に配列している。すでに述べたように，ccp 構造の単位格子中に含まれる原子数は 4 個であり，原子数と同数の八面体隙間がある。したがって，この構造の単位格子中に含まれる化学式量 Z は 4 となる。各イオンは 6 個の対イオンによって囲まれており，配位数は両イオンについて 6 である。この構造をもつ化合物として，LiF や KCl などのアルカリ金属ハロゲン化物，MgO や MnO などの金属酸化物が知られている。

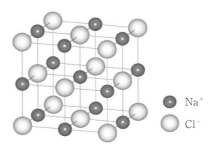

図 2.14　塩化ナトリウム型構造†

閃(せん)亜鉛鉱型構造　　名称は ZnS 鉱物の一種に由来する。塩化ナトリウム型構造と同様，陰イオンである S^{2-} の ccp 格子が骨格をつくるが，この構造では最密充填構造に存在する四面体隙間の 1/2 が陽イオン(Zn^{2+})で占められている(図 2.15)。単位格

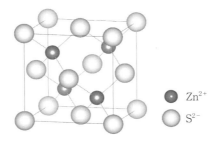

図 2.15　閃亜鉛鉱型構造

---

† 本章中の結晶構造図は VESTA プログラム[2]を用いて描画した。

子の立方体中には Zn^{2+} と S^{2-} がそれぞれ 4 個ずつ含まれており，化学式量 Z は 4 となる。Zn^{2+} は四面体隙間中に存在するので配位数は 4，S^{2-} も 4 個の Zn^{2+} に囲まれており配位数 4 である。ZnS の他に CdS なども同構造をとる。

蛍石型・逆蛍石型構造　閃亜鉛鉱型構造と異なり，陰イオンからなる ccp 格子の四面体隙間を陽イオンですべて占有させると「逆蛍石型」とよばれる構造になる（図 2.16）。陽イオンと陰イオンの比が 2：1 となるため，Li_2O，Na_2O などアルカリ金属酸化物の多くがこの構造をもつ。この名称は，蛍石（CaF_2）に対して陽イオンと陰イオンの配置を入れ替えた構造であることに由来する。つまり，CaF_2 では陽イオンの Ca^{2+} が ccp 格子をつくり，四面体隙間がすべて陰イオンの F^- で占められている。蛍石型構造の化合物として，ZrO_2 や $BaCl_2$ などが知られている。このように，代表的鉱物に由来する「蛍石型」が例外的な原子配置であり，「逆蛍石型」が図 2.13 に示すイオン結晶の系統的類別に従うことを認識し，間違わないように注意したい。

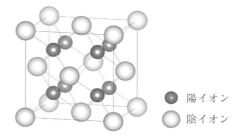

図 2.16　逆蛍石型構造。陽イオン位置と陰イオン位置を入れ替えると蛍石（CaF_2）の結晶構造となる。

ウルツ鉱型構造　ZnS 鉱物のもう一つの結晶形（多形という）に由来する構造である。閃亜鉛鉱が S^{2-} の ccp 格子をもつのに対し，ウルツ鉱は hcp 格子を骨格として四面体隙間の 1/2 が陽イオン（Zn^{2+}）で占められている（図 2.17）。菱形柱の形をした単位格子中には ZnS が 2 つ含まれる（$Z=2$）。両イオンまわりの結晶構造は閃亜鉛鉱型と似ており，いずれも配位数は 4 である。この構造をもつ化合物として，青色 LED 材料の窒化ガリウム（GaN）や，透明電極材料の酸化亜鉛（ZnO）がよく知られている。

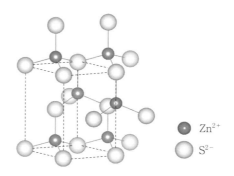

図 2.17　ウルツ鉱型構造。点線は六方晶の単位格子を表す。

ヒ化ニッケル型・ルチル型構造　　ヒ化ニッケル(NiAs)は，As^{3-} の hcp 格子が骨格となり，最密充填構造中の八面体隙間が Ni^{3+} ですべて占められた構造をもつ（図2.18）。ヒ化ニッケル型構造は酸化物にはほとんどみられないが，FeS, CoS, NiS など多くの硫化物がこの構造となる。ルチル型構造はヒ化ニッケル型構造と構造の成り立ちが似ている。ルチルとは酸化チタン(TiO_2)の最も安定な結晶構造の名称である（図2.19）。この構造も陰イオン(O^{2-})の hcp 格子が骨格であり，八面体隙間の1/2のみが陽イオン(Ti^{4+})で占有されており，陽イオンと陰イオンの比が1:2となる。これら2つの構造とも，陰イオンの hcp 格子がかなり歪んで安定化しているため，両者の構造的な共通点をみつけるのは難しい。

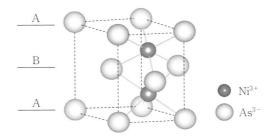

図2.18　ヒ化ニッケル型構造。点線は六方晶の単位格子を表す。

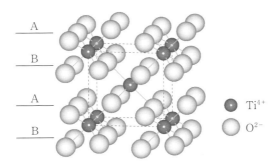

図2.19　ルチル型構造。点線は正方晶の単位格子を表す。

塩化セシウム型構造　　この構造では，陰イオンの Cl^- が単純立方格子を形成し，立方格子の体心位置に陽イオンの Cs^+ が詰まっている（図2.20）。すなわち，上記の例とは異なり，陰イオンの最密充填を基本としていない。塩化セシウム型構造は陽イオンが Cs^+ や Tl^+ など例外的に大きく両イオンのサイズが近い場合にみられ，CsCl のほかに CsBr や TlI などがこの構造をもつがその例は多くない。単位格子中に陽イオン・陰イオンとも1つずつ含まれ，化学式量 Z は1である。両イオンとも配位数は8であり，イオン半径の近い両イオンが共同で高配位数の構造をつくっているとみなすことができる。

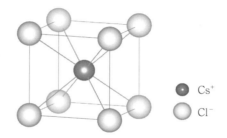

図 2.20　塩化セシウム型構造

ペロブスカイト型構造　二種類の原子種 A, B を含む結晶構造のうち，ペロブスカイト型 ABX_3 は重要な化合物群を形成している。灰チタン石（ペロブスカイト，$CaTiO_3$）に代表される構造であり，立方体の頂点位置に A イオン，体心位置に B イオン，面心位置に陰イオンが位置している（図 2.21）。A 位置にはサイズの大きな希土類元素やアルカリ土類金属など，B 位置にはより小さな遷移金属などが入る。大きな A イオンと陰イオンが共同で面心立方格子をつくり，その八面体隙間の一部に小さな B イオンが詰め込まれていると理解すればよい。A イオンは 12 配位，B イオンは 6 配位である。

酸化物（X＝O）では A と B の電荷数の和は +6 となることが求められるが，その組合せは $A^+B^{5+}O_3$ から $A^{3+}B^{3+}O_3$ までさまざまあり，多彩な化合物が存在する。ペロブスカイト型および関連構造をもつ金属酸化物には誘電体，高温超伝導体など興味深い電気的特性を示す材料が多数みられる。

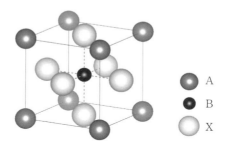

図 2.21　ペロブスカイト型構造

2.4.3　結晶構造を決定する要因

陽イオンが四面体隙間と八面体隙間のどちらに入りやすいか，すなわち，どのような結晶構造が安定かは構成イオンのサイズによって決まる。図 2.22 に示す概念図から理解できるように，結晶中におけるイオン（ここでは剛体球とみなす）の接触の仕方は，陽イオンと陰イオンのサイズ比によって変化する。陰イオンが互いに接触するように詰めた構造の隙間には，ある決まったサイズ比をもつ陽イオンがぴったり収まり，それより小さな陽イオンは陰イオンと接触することができなくなる。イオン結晶では陽イオンと陰イオンをできるだけ接触させ，一方，同符号のイオンどうしはできるだけ遠ざけた構

2.4 イオン結晶

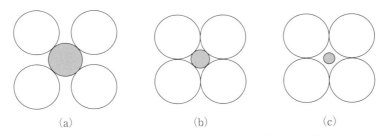

図 2.22 陽イオン(灰色)と陰イオン(白色)のサイズ比と安定性。(a)と(b)は安定,(c)は不安定。(b)のイオン半径比を臨界半径比とよぶ。

造が好ましいため,陽イオンが小さすぎると不安定になることが予想される。図 2.22 (b)は構造が安定にできる陽イオンの限界サイズを表しており,このときの両イオンの半径比を**臨界半径比**とよぶ。

例として,面心立方格子(立方最密充填構造)における八面体隙間の臨界半径比を求めてみる。2.3.2 項で述べたように,面心立方格子では陰イオンどうしが面の対角線に沿って接触し,辺(= 立方体の稜)の中央に八面体隙間が存在する。図 2.23 より,正方形の対角線の長さ $\sqrt{2}a$ は陰イオンの半径 r_X の 4 倍に等しく,同時に辺の長さ a は陽イオンと陰イオンの半径の和 $(r_A + r_X)$ を 2 倍した大きさとなることがわかる。したがって,2 つの式から a を消去し,

$$r_A + r_X = \sqrt{2}\, r_X$$

より

$$\frac{r_A}{r_X} = \sqrt{2} - 1 = 0.414 \tag{2.8}$$

同様に,四面体隙間の臨界半径比は 0.225,単純立方格子の八配位隙間(塩化セシウム型構造の Cs$^+$ 位置)の値は 0.732 と求まる。(詳しい考え方は演習問題 2 [10] を参照のこと。) この結果より,陽イオンのサイズが大きくなるとその配位数がより大きな構造が好まれることがわかる。陽イオンが 4, 6, 8 配位となる結晶構造として閃亜鉛鉱型,塩化ナトリウム型,塩化セシウム型がそれぞれあげられる。各構造の代表化合物のイオン半径比を調べてみると,ZnS: $r_A/r_X = 0.408$,NaCl: 0.563,CsCl: 0.939 であり,それぞれ臨界半径比から予想される範囲内に入っている。

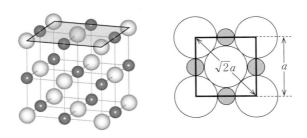

図 2.23 面心立方格子における八面体隙間の臨界半径比の導出

演習問題 2

[1] 次の固体物質は，(a)分子性，(b)イオン性，(c)共有結合性，(d)金属性，のいずれに分類するのが適切か述べなさい。
  (1) KOH（水酸化カリウム）
  (2) $Cu_{0.65}Zn_{0.35}$（真ちゅう）
  (3) $CaCO_3$（炭酸カルシウム）
  (4) $C_6H_{12}O_6$（グルコースまたはブドウ糖）
  (5) Si_3N_4（窒化ケイ素）

[2] 以下に示す市松模様について，形の違う単位格子を2種類以上図示しなさい。

[3] X線回折に関する次の問いに答えなさい。
  (1) ある結晶に波長 0.15405 nm の X 線を照射したところ，$2\theta = 44.68°$ に回折線が観測された。この回折線に対応する原子面の間隔 d を計算しなさい。
  (2) 面間隔 $d = 0.1433$ nm からの回折線が現れる 2θ の値を計算しなさい。

[4] 以下に示す金属結晶の密度（単位 $g\,cm^{-3}$）を求めなさい。
  (1) ポロニウム Po：原子量 210，単純立方格子，格子定数 $a = 0.3352$ nm
  (2) クロム Cr：原子量 52.00，体心立方格子，格子定数 $a = 0.2884$ nm
  (3) アルミニウム Al：原子量 26.98，面心立方格子，格子定数 $a = 0.4050$ nm
  (4) コバルト Co：原子量 58.93，六方最密充填格子，格子定数 $a = 0.2507$ nm，$c = 0.4069$ nm

[5] 体心立方格子の充填率 p が 0.680 であることを示しなさい。

[6] 体心立方構造をもつ金属結晶が面心立方構造へ相変化した。原子の大きさは変化しないと仮定すると，この相変化によって金属結晶の体積は何%変化するか？

[7] 銀 Ag（原子量 107.9）の結晶は面心立方格子であり，その密度は $10.51\,g\,cm^{-3}$ である。原子を剛体球とみなしたとき，その半径を nm 単位で求めなさい。

[8] 蛍石 CaF_2（化学式量 78.08）の密度は $3.179\,g\,cm^{-3}$ である。以下の問いに答えなさい。
  (1) Ca と F は単位格子中にいくつずつ存在するか。
  (2) 単位格子の質量はいくらか。
  (3) 単位格子の体積はいくらか。
  (4) 立方晶構造の格子定数 a を計算しなさい。

[9] 以下に示す化合物の密度（単位 $g\,cm^{-3}$）を求めなさい。
  (1) 塩化カリウム KCl：化学式量 74.55，塩化ナトリウム型構造，格子定数 $a = 0.6332$ nm
  (2) 塩化セシウム CsCl：化学式量 168.36，塩化セシウム型構造，格子定数 $a = 0.4115$ nm
  (3) ジルコン酸バリウム $BaZrO_3$：化学式量 276.55，ペロブスカイト型構造，格子定数 $a = 0.4194$ nm

[10] 塩化セシウム構造の陽イオン位置（8配位）の臨界半径比が 0.732 であることを示しなさい。

[11] ペロブスカイト型構造 ABX_3 において，陽イオンサイト A または B にはそれぞれ複数のイオンが入ることがある。A サイトに La^{3+} と Sr^{2+}，B サイトに Mn イオンを含む $La_{0.7}Sr_{0.3}MnO_3$ は，異なる価数の Mn イオンが共存する化合物である（このような化合物を**混合原子価化合物**とよぶ）。この化合物における Mn イオンの平均価数を求めなさい。

参 考 文 献

1) 手嶋勝弥・大石修治・是津信行,セラミックス,**51**, 478（2016）.
2) K. Momma and F. Izumi, *J. Appl. Crystallogr.*, **44**, 1272（2011）.
3) A.F. Wells, "Structural Inorganic Chemistry 5th Edition", Oxford University Press（2012）.
4) Ulrich Müller, "Inorganic Structural Chemistry 2nd Edition", Wiley（2007）.

3

典型元素の性質と反応

　無機物質は，周期表にある100種類以上の多数の元素から構成される化合物を対象としている。そのため，無機物質を取り扱う無機化学は「元素の化学」ともいわれる。

　元素の性質は，原子構造中で原子核のまわりに存在する電子の性質に依存する。無機化合物は，電子の性質や動きが関与するイオン結合や共有結合などの化学結合で結びつき，酸塩基反応や酸化還元反応をはじめとしたさまざまな化学反応を起こす。よって，無機化合物の構造，性質，反応性を議論するとき，周期表を利用してまとめると理解しやすい。

　本章では，周期表上の典型元素に関して，元素の共通点と相違点を念頭に，各元素単体の性質，単離や製造法，各元素から構成される無機化合物の性質や特徴を概説する。

3.1　18族元素(希ガス)

(a)　元素と単体の性質

　18族元素は，ヘリウム(He)，ネオン(Ne)，アルゴン(Ar)，クリプトン(Kr)，キセノン(Xe)，ラドン(Rn)をさし，総称して**希ガス**(rare gas)または**貴ガス**(noble gas)とよばれる。原子中の最外殻の電子軌道がHeを除いてns^2np^6の電子配置をとっており，電子軌道が完全に電子で満たされイオン化しにくい。そのため，18族元素は常温常圧で分子をつくらずに1原子単独で存在する単原子分子の気体となる。希ガス分子間には，ファンデルワールス(Van der Waals)力のみがはたらくので融点や沸点がきわめて低い。また，希ガスはプラスチックやゴムは透過する性質をもつ。表3.1に18族元素(希ガス)の性質をまとめる。

(b)　単離および製造法

　HeはHe成分を多く含む天然ガスを液化，分別蒸留(分留)して得られる。また，Ne, Ar, Kr, Xeは，液化空気の分別蒸留によって窒素と酸素を分離する際に採取される。

表 3.1　18 族元素(希ガス)のおもな性質

元 素	元素記号	電子配置	原子半径[pm]	融点[℃]	沸点[℃]
ヘリウム	He	$2s^2$	93	-272.2	-268.9
ネオン	Ne	$[He]2s^22p^6$	112	-248.7	-246.1
アルゴン	Ar	$[Ne]3s^23p^6$	154	-189.4	-185.9
クリプトン	Kr	$[Ar]3d^{10}4s^24p^6$	169	-156.4	-152.3
キセノン	Xe	$[Kr]4d^{10}5s^25p^6$	190	-111.9	-107.1
ラドン	Rn	$[Xe]4f^{14}5d^{10}6s^26p^6$	195	-70.9	-61.8

(c) 用　途

　希ガスの有効な用途は, 真空放電の発色現象(表 3.2)を利用した放電管である. 蛍光灯やネオンライト, ディスプレイ, カメラのストロボ, 車載用高輝度ランプなど, 暮らしのなかでよく見かける製品に多く使用されている. また, レーザー光(laser)の発生装置にも希ガスが用いられる. He-Ne レーザーは, ガラス管に He と Ne の混合ガスを封入し, 放電によって励起された希ガス原子がレーザーとして発光する. ArF, XeCl など希ガスとハロゲンを組み合わせたエキシマーレーザー(excimer laser)も工業用や医療用として用途がある.

表 3.2　真空放電時における希ガスの発色現象

元素記号	真空放電時の発色
He	黄　色
Ne	橙　色
Ar	赤色〜青色
Kr	白　色
Xe	青白色

　このほか, 液体 He は, その沸点が非常に低いことから超伝導や極低温を扱う分野で極低温用冷媒として欠かせない物質となっている. 液体 He の温度がさらに低くなると超流動とよばれる状態になる. また, He は安全で空気よりも質量が軽いので, 飛行船や気球にも使用される. Ar は, 大気中に 1 % 程度含まれており, 他の希ガスよりも工業的な利用がしやすく, 冶金や金属溶接, 半導体材料の製造の際の不活性雰囲気として利用される. Xe は, 近年探査衛星用のエンジン推進剤としても利用されている.

　希ガスは, 他の原子や分子と結合して化合物をつくることが少ないため, **不活性ガス**(inert gas)ともよばれる. 数少ない化合物例として, Xe とフッ素(F)あるいは酸素(O)との化合物である XeF_2, XeF_4, XeF_6, XeO_3, XeO_4 などが知られており, 酸化数は +2 〜 +8 に変化する. Xe は希ガスのなかでも比較的化合物をつくりやすく, XeF_2 はフッ素化剤として販売されている. また, Kr と F との化合物には KrF_2 が知られている.

3.2 水　　素

(a) 元素と単体の性質

　水素は，地球上では，水，石油，生物を構成する元素として広く分布しているが，水素単体ではほとんど存在しない。水素単体は H_2 と表される二原子分子であり，共有結合で結びつく。常温常圧で無色無臭の気体として存在し，気体のなかで密度が最小である。水素は，空気中に体積百分率で 4〜74 % 存在すると着火により爆発する。

　水素原子は 1 個の陽子からなる原子核と 1 個の電子から構成される。電子の最外殻軌道に 1 個の電子をもつ構造をとるため，アルカリ金属原子と類似し，+1 価のイオン H^+ となる。また，水素原子は最外殻である 1s 軌道に 1 個の電子を受け入れて −1 価のイオン H^-（水素化物イオン）としてもはたらくことができる。このように，水素には陽イオンと陰イオンの二面性をもつ特異性があり，希ガスを除く多くの元素と安定な化合物を生成する。

(b) 単離および製造法

　実験室で水素を合成する場合は，亜鉛(Zn)や鉄(Fe)などの金属に希硫酸(H_2SO_4)や塩酸(HCl)を反応させればよい。たとえば，Zn と H_2SO_4 の反応は下記のように進む。

$$Zn + H_2SO_4 \rightarrow ZnSO_4 + H_2$$

　水素の工業的な製造法には，水性ガスの反応，石油や天然ガスの変成，水の電気分解などが利用されている。水性ガスは，コークスと水蒸気を 1000 ℃ 以上で反応させて得られる一酸化炭素(CO)と水素(H_2)を主成分とした混合気体である。水性ガスを酸化鉄などの存在下で高温にすると下記の反応によって H_2 を生じる。

$$CO + H_2O \rightarrow CO_2 + H_2$$

石油や天然ガスなどに含まれる炭化水素を使用する場合は，下記の反応が示す**水蒸気改質**(steam reforming)**反応**が利用される。

$$CH_4 + H_2O \rightarrow CO + 3H_2$$

この反応では，ニッケル(Ni)などを触媒として 800〜900 ℃ の高温で反応させる。

　水の電気分解によっても高純度の水素が得られるが，コストがかかり工業的な製法としては不向きである。

(c) 化合物と用途

　水素は，結合する元素の電気陰性度に応じて H^- や H^+ の状態をとり，数多くの化合物をつくりだす。図 3.1 は，水素と二元系化合物をつくる元素を化合物の性質に基づいて分類した図である。

　水素よりも電気陰性度の大きな原子との化合物には，たとえば，塩酸(HCl)や硫酸(H_2SO_4)，硝酸(HNO_3)などがあげられる。これらの化合物は，水に溶解して H^+ を放出するので**酸**とよばれる。このとき，化合物中の水素原子は完全にイオン化してイオン結合を形成しているわけではなく，ある割合で共有結合がはたらいているとされる。

　一方，水素よりも電気陰性度の小さい原子との結合では，水素は H^- として振る舞

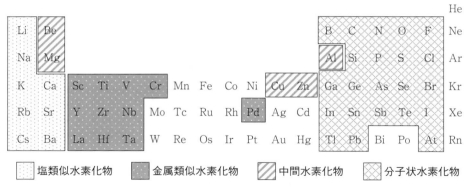

図 3.1 水素化物の分類

う。LiH, NaH, KH, CaH$_2$, SrH$_2$, BaH$_2$ のようなアルカリ金属およびアルカリ土類金属の水素化物がその例であり，**塩類似水素化物**(salt-like hydride)とよばれる。塩類似水素化物は，水と激しく反応し強塩基として水素ガスを発生する。

遷移金属元素や希土類元素の水素化物は，**金属類似水素化物**(metal-like hydride)とよばれる。この化合物は，ZrH$_{1.92}$, TiH$_{1.73}$, LaH$_{2.75}$ といった非化学量論組成をもつ化合物(**不定比化合物**：nonstoichiometric compound)になることが知られている。La-Ni や Ti-Fe 系の合金は，室温付近，高圧下で水素ガスと反応させると固体内に水素を吸収し金属類似水素化物となる。そして高温ではふたたび水素ガスを放出する。この性質を利用して水素貯蔵合金として，必要な際に水素エネルギーとして取り出せる材料として活用されている。

分子状水素化物(molecular hydride)は，アンモニア(NH$_3$)やHCl(塩酸)をはじめ，ジボラン(B$_2$H$_6$)，ホスフィン(PH$_3$)，硫化水素(H$_2$S)，シラン(SiH$_4$)など多くの化合物があげられるが，最もよく知られているのが水(H$_2$O)である。H$_2$O は，多くの物質を溶かし水溶液を形成し，水溶液中でオキソニウムイオン(H$_3$O$^+$)となる。H$_2$O は，1 atm の条件下，室温では無色無臭の液体として存在するが，融点 0℃ 以下では固体(氷)となり，沸点 99.974℃ 以上では気体(水蒸気)となる。温度と圧力における水の状態は，水の状態図から読みとれる。水素の同位体である重水素(D)からなる水は重水(あるいは酸化ジュウテリウム，D$_2$O)である。D$_2$O は化学反応を追跡するためのトレーサーとして利用されたり，原子炉(重水炉)における中性子の減速材として用いられる。

このほか，水素は Be, Mg, Al, Cu, Zn などの元素とは，中間的な性質をもつ水素化物をつくる。

水素の用途として，工業的に**ハーバー–ボッシュ**(Haber-Bosch)**法**が重要である。下記の反応のように，水素(H$_2$)と窒素(N$_2$)を反応させてアンモニア(NH$_3$)を製造する。この反応の反応速度は遅いため，鉄を主体とした合成触媒を用いて高温高圧で反応させる。

$$3H_2 + N_2 \rightarrow 2NH_3$$

得られたアンモニアは，肥料の原料として利用され，白金触媒を用いた空気酸化による

硝酸(HNO_3)の合成(**オストワルト**(Ostwald)**法**)に利用される。また水素は，メチルアルコール(メタノール)の製造や植物油脂の水素化による硬化油の生産，金属の単離操作にも用いられる。近年では，水の電気分解の逆反応を利用した燃料電池の燃料としても注目されている。

3.3 sブロック元素(アルカリ金属，アルカリ土類金属)

sブロック元素は，周期表において第1族に属する元素である**アルカリ金属**(alkali metal)と周期表の第2族に属する元素である**アルカリ土類金属**(alkali earth metal)に大別される。

3.3.1 1族(アルカリ金属)元素

(a) 元素と単体の性質

1族の元素であるアルカリ金属は，リチウム(Li)，ナトリウム(Na)，カリウム(K)，ルビジウム(Rb)，セシウム(Cs)，フランシウム(Fr)をさす。原子中の最外殻の電子軌道が1個の電子に占められた ns^1 の電子配置をとっており，s軌道の電子が失われると希ガスと同じ電子配置となって安定化する。アルカリ金属の原子は電気陰性度が小さい。そのため，多くの無機化合物中でほぼ完全にイオン化して+1価の陽イオンとなりイオン結合を形成する。各アルカリ金属の性質を表3.3に示す。

アルカリ金属単体は常温常圧で金属固体として存在する。アルカリ金属単体は，水と爆発的な激しい反応を起こす。リチウム金属と水との反応は，比較的反応速度が遅いが，ナトリウム金属と水との反応はすばやく以下のように反応する。

$$2Na + 2H_2O \rightarrow 2NaOH + H_2$$

塊状のアルカリ金属は空気中の水分とも反応するので，石油やパラフィンなどに浸漬して保存する。

アルカリ金属の特徴的な反応の一つが**炎色反応**(flame reaction)である。塩化リチウム(LiCl)などのアルカリ金属の塩をバーナーなどで加熱すると，各元素に固有の色が観察される。アルカリ金属が熱により励起され基底状態へ遷移する際に特定の波長をもつ光を発する現象で，定性分析に利用される。観察される色は，Liが赤，Naが黄，Kが赤紫，Rbが深赤，Csが青紫である。

表3.3 1族元素(アルカリ金属)のおもな性質

元素	元素記号	電子配置	原子半径[pm]	イオン(E^+)半径[pm]	融点[℃]	沸点[℃]
リチウム	Li	$[He]2s^1$	152	78	180.5	1347
ナトリウム	Na	$[Ne]3s^1$	154	98	97.8	883
カリウム	K	$[Ar]4s^1$	227	133	63.7	774
ルビジウム	Rb	$[Kr]5s^1$	247.5	149	39.1	688
セシウム	Cs	$[Xe]6s^1$	265.4	165	28.4	678.5
フランシウム	Fr	$[Rn]7s^1$	270	180	27	677

（b）単離および製造法

ナトリウム（Na）とカリウム（K）は鉱物中や海水中に大量に存在する。また，Li は鉱物から産出され，Rb，Cs はその副産物として得られる。

アルカリ金属単体は，炭素や水素を利用した化学的な還元や，化合物を熱分解して金属だけを分離することは不可能である。そのため，工業的にはアルカリ金属を含んだ融解塩の電気分解（**溶融塩電解**：molten salt electrolysis）によって単離される。たとえば，Na の単離には，NaCl 40 %，$CaCl_2$ 60 % の混合物を溶融塩原料に用いて凝固点降下を利用して NaCl の融点を 800 ℃ から 600 ℃ 程度に下げ，炭素陽極と鉄陰極を用いて電気分解を行う**ダウンズ（Downs）法**が利用される。Li は，鉱石や塩湖かん水，堆積塩から抽出された LiCl と KCl の溶融塩を電気分解して得られる。

（c）化合物と用途

アルカリ金属は水素化物を生成する。LiH は特に安定な化合物である。

アルカリ金属は，空気中で燃焼させるとイオン結合によって酸化物を生成する。アルカリ金属と酸素との化合物として，酸化物，過酸化物，超酸化物が知られている。たとえばカリウム（K）と酸素（O）の化合物には，一酸化物 K_2O，過酸化物 K_2O_2，超酸化物 KO_2 が存在する。これらの酸化物は，いずれも水と激しく反応し，水素を発生して強塩基性を示す水酸化物となる。過酸化物や超酸化物の場合は強い酸化剤となり，水との反応で過酸化水素（H_2O_2）や酸素を発生する。

このほかのアルカリ金属の化合物には，炭酸塩，硝酸塩，硫酸塩，水酸化物，窒化物，ハロゲン化物などが知られている。炭酸ナトリウム（Na_2CO_3）は，ガラス原料や製紙，色素工業で用いられる。油脂を溶解させる作用がありセッケンの原料にも用いられる。加熱すると 853 ℃ で融解し，溶融剤として利用できる。炭酸ナトリウムは，工業的に，アンモニアソーダ法（ソルベー法）により製造される。炭酸ナトリウム水溶液に二酸化炭素を通じると炭酸水素ナトリウム（$NaHCO_3$）が得られる。炭酸水素ナトリウムは重曹ともよばれ，調理用や入浴剤，洗剤として用いられる。

硝酸カリウムは硝石とよばれ，黒色火薬の主成分となり，ガラス工業や肥料などに用いられる。アルカリ金属の硝酸塩を加熱すると亜硝酸塩が得られる。アルカリ金属の水酸化物は，水に溶解すると強塩基性を示し腐食作用がある。

水酸化物は塩化物の水溶液を電気分解して得られる。水酸化ナトリウム（NaOH）は白色潮解性のある固体で，NaOH の水溶液は，共存する他の金属元素を水酸化物として沈殿させる反応を示すので，重要な分析試薬として用いられる。また，ガラスの主成分である二酸化ケイ素（SiO_2）を溶かす作用がある。

アルカリ金属のハロゲン化物は，無色のイオン結合性化合物である。塩化ナトリウム（NaCl）は海水中の主成分であり，工業的には海水を濃縮して得る。また，岩塩としても産出する。NaCl は，食用のほか，NaOH や Na_2CO_3 のナトリウム塩や Na 金属，塩素などの工業的に利用価値の高い化学製品製造のための原料となる。

このほかアルカリ金属のおもな用途としては，Li は，軽量構造材やリチウムイオン二次電池，有機合成薬品などに用いられ，Na は原子炉の冷却媒体やランプ発光材，Cs

3.3 sブロック元素(アルカリ金属，アルカリ土類金属)

は光電管に用いられている。

3.3.2 2族(アルカリ土類金属)元素
(a) 元素と単体の性質

アルカリ土類金属は，周期表の第2族に属する元素で，カルシウム(Ca)，ストロンチウム(Sr)，バリウム(Ba)，ラジウム(Ra)をさす。同じ第2族であるベリリウム(Be)とマグネシウム(Mg)は，化学的性質が異なるため，現在ではアルカリ土類金属に含めないが，2族元素すべてをアルカリ土類金属とよぶ場合もある。本書では，2族元素すべてをアルカリ土類金属として取り扱う。

アルカリ土類金属は，アルカリ金属についで反応性が高い元素群である。アルカリ金属とのおもな違いは，アルカリ金属が1価の陽イオンで，塩は水に溶けやすいのに対して，アルカリ土類金属は，原子中の最外殻の電子配置がns^2であり，原子はこの2個の電子を失って希ガスと同じ電子配置をとって安定化する。そのため，アルカリ土類金属イオンでは2価の陽イオンとなり，陰イオンと水に難溶性の塩を生じやすい。アルカリ土類金属単体は常温常圧では金属であり，酸素と容易に反応し熱水と激しく反応する。その反応性はアルカリ金属ほど高くはない。一方，融点・沸点はアルカリ金属と比べて高くなる。Be, Mgを除くアルカリ土類金属は，炎色反応において特徴的な発色を示す。Caは橙赤，Srは深紅，Baは黄緑を呈する。表3.4にアルカリ土類金属の性質を示す。

アルカリ土類金属においてベリリウム(Be)とマグネシウム(Mg)は化学結合に特徴がある。Beは原子半径およびイオン半径が小さく，最外殻電子は強く原子核に引きつけられる。このため，Beの関与する化学結合では，電子はBeに引き寄せられ，共有結合性が強くなる。Mgの化合物の一部にもこのような共有結合性がみられる。一方，カルシウム(Ca)，ストロンチウム(Sr)，バリウム(Ba)などの化合物では，これらの元素は2価の陽イオンとして存在し，その結合はイオン性が強い。

表3.4 2族元素(アルカリ土類金属)のおもな性質

元素	元素記号	電子配置	原子半径[pm]	イオン(E^{2+})半径[pm]	融点[℃]	沸点[℃]
ベリリウム	Be	$[He]2s^2$	113	34	1277	2970
マグネシウム	Mg	$[Ne]3s^2$	160	79	648.8	1090
カルシウム	Ca	$[Ar]4s^2$	197	106	839	1484
ストロンチウム	Sr	$[Kr]5s^2$	215	127	769	1384
バリウム	Ba	$[Xe]6s^2$	217	143	729	1637
ラジウム	Ra	$[Rn]7s^2$	223	152	700	1140

(b) 単離および製造法

イオンの安定性が高いため，アルカリ土類金属は2価の陽イオンとして存在しやすく単体では産出しない。アルカリ土類金属も，アルカリ金属と同様に電気的陽性のため化学的に還元することが難しい。

ベリリウム(Be)は，エメラルドとして知られる緑柱石($3BeO \cdot Al_2O_3 \cdot 6SiO_2$)を化学

処理して原料として製造する。マグネシウム(Mg)は,マグネサイト($MgCO_3$)などの鉱石や海水中のマグネシウム成分を原料とし,加熱処理や化学反応を利用して$MgCl_2$とした後,電気分解して単離する。カルシウム(Ca),ストロンチウム(Sr),バリウム(Ba)も,鉱石を化学処理して塩化物とした後,電気分解(溶融塩電解)で単離される。Mgは,苦灰石(dolomite)を加熱し,フェロシリコン(FeとSiの合金)を用いて1200℃で還元することでも製造される。また,SrとBaは,下記の反応のように,金属アルミニウムで金属酸化物を還元する冶金法によっても得られる(**テルミット反応**)。

$$3BaO + 2Al \rightarrow 3Ba + Al_2O_3$$

(c) 化合物と用途

ベリリウム(Be)はX線などの電磁波をよく通す性質をもっており,レントゲンや化学物質の構造分析に用いるX線管球の窓や原子炉材料として利用される。マグネシウム(Mg)は,軽くて高強度の軽金属として最近多くの分野で利用されており,Al-Mg-Cu合金はジュラルミンとして航空機などにも利用されている。カルシウム(Ca)は延性や展性が高いが,反応性が非常に高く単体金属として利用されにくい。

アルカリ金属と同様,アルカリ土類金属の化合物には,ハロゲン化物,酸化物,水酸化物,炭化物,窒化物,炭酸塩,硝酸塩,硫酸塩などが存在する。

ハロゲン化物には,MgF_2,CaF_2,$CaCl_2$,$BaCl_2$などが知られており,常温常圧下では固体である。一般にフッ化物は水に溶け難いが,塩化物や臭化物は容易に水に溶解する。塩化カルシウム($CaCl_2$)は乾燥剤として有名である。

酸化物には,BeO,MgO,CaO,SrO,BaOがある。アルカリ金属と同じようにCaO_2,SrO_2,BaO_2のような過酸化物が存在する。酸化物は常温常圧下で無色の固体である。BeOはウルツ鉱型構造,MgO,CaO,SrO,BaOは塩化ナトリウム型構造をとり,融点が高い。酸化マグネシウム(MgO)は,融点が2852℃と高いことから耐火物や高温構造材料として利用される。酸化カルシウム(CaO)は**生石灰**とよばれ,水と容易に反応して水酸化カルシウム($Ca(OH)_2$,消石灰)となるほか,リン酸(H_3PO_4)や硫酸(H_2SO_4)などの酸とも反応性に富み,リン酸カルシウム($Ca_3(PO_4)_2$)や硫酸カルシウム($CaSO_4$)などを生成する。またCaOはガラスやセメントの原料,溶鉱炉のスラグ成分として大量に使用されている。

水酸化物は水に難溶であるが,水酸化ストロンチウム($Sr(OH)_2$)や水酸化バリウム($Ba(OH)_2$)は水に溶け,強塩基となる。一方,水酸化マグネシウム($Mg(OH)_2$)の水溶液は弱塩基性を示す。水酸化ベリリウム($Be(OH)_2$)は両性であり酸にも塩基にも溶解する。水酸化物および炭酸塩は,加熱すると,それぞれ水および二酸化炭素を失って酸化物に変わる。熱分解が起こる温度はアルカリ土類金属の種類によって異なり,原子番号の小さいものほど分解温度が低い。

炭酸塩ならびに硫酸塩も水に難溶のものが多い。炭酸カルシウム($CaCO_3$)にはいくつかの多形が存在し,その一つである方解石はセメントやガラスの原料として重要である。硫酸カルシウム二水和物($CaSO_4 \cdot 2H_2O$)は**二水セッコウ**とよばれ,これを150℃で加熱すると半水セッコウとなり,約300℃以上で加熱すると無水セッコウとなる。半水

3.4 pブロック元素

pブロック元素の単体や化合物の性質は，ほかのブロックの元素の場合に比べて非常に多様である。pブロック元素および化合物が示す共通の性質はみつけづらく，共通性がないのが特徴ともいえる。本節ではpブロック元素について基本的な事項を紹介し，その元素を含む代表的な化合物についてふれる。

3.4.1 13族元素

13族元素(ホウ素(B)，アルミニウム(Al)，ガリウム(Ga)，インジウム(In)，タリウム(Tl))のうち，Bはほぼ非金属的な性質を示すので非金属に分類されるが，ほかの13族元素は金属である。融点は単純な傾向は示さないが，沸点は元素の質量数が増加するにつれ低くなる傾向がみられる(表3.5)。ns^2np^1の電子配置をもち，化合物を形成する場合，+3の酸化数をとることが多いが，原子番号が大きな元素では不活性電子対効果の影響が大きくなり，+1の酸化数をとることが多くなる。

表3.5 13族元素の性質

	共有結合半径 [pm]	イオン半径 [pm]	単体の融点 [℃]	単体の沸点 [℃]	イオン化エネルギー			電気陰性度
					第一 [kJ mol^{-1}]	第二 [kJ mol^{-1}]	第三 [kJ mol^{-1}]	
B	80	27	2300	3930	801	2426	3660	2.0
Al	125	53	660	2470	577	1816	2744	1.6
Ga	125	62	30	2403	579	1979	2963	1.8
In	150	94	157	2000	558	1821	2704	1.8
Tl	155	98	304	1460	590	1971	2878	2.0

(a) ホウ素(B)

電子配置

最外殻の電子配置は $2s^22p^1$ であり，3価の陽イオンは半径が非常に小さい。イオン化エネルギー(第一〜三イオン化エネルギーの総計)は約6900 kJ mol^{-1} と大きく，水和エネルギーによってまかなうことはできないので，B^{3+} は水中で存在しない。価電子は3個であり，共有結合を形成して電子を受け入れると価電子は6個になり，オクテット則を満たさない。この場合 sp^2 混成軌道をとり，平面3配位で結合を形成する。電子を受け入れる軌道をもっているので，何らかの形で電荷が補償されるならば，さらに電子を2つ受け取り，価電子は8個になり，オクテット則を満たす。この場合 sp^3 混成軌道により四面体配位で結合する。Bは化合物を形成した場合，+3の酸化数を示す場合が多い。

単体の性質と用途

Bの単体は非金属であり，いくつかの同素体が存在し，非常に硬い。Bはおもにガラス繊維や理化学ガラスに用いられる。Bを含む身近な化合物ではホウ酸(H_3BO_3)が知られ，医療薬品などに使われる。

製造法

Bはホウ砂もしくはケルナイトとよばれる鉱石($Na_2B_4O_7 \cdot 10H_2O$ あるいは $Na_2B_4O_7 \cdot 4H_2O$)から得られる。単体は，Bの酸化物を反応性の高い金属(Mg, K など)と強熱すると得られる。

$$B_2O_3(s) + 3Mg(l) \rightarrow 2B(s) + 3MgO(s)$$

おもな化合物

①**ホウ酸(H_3BO_3)** H_3BO_3 と表記されることが多いが，Bが3つのOH基と平面3配位で結合し，$B(OH)_3$の構造をとっている。水に溶けやすく，希薄条件で水に溶解すると，次のように電離して弱酸として振る舞う。

$$H_3BO_3 + 2H_2O \rightarrow [B(OH)_4]^- + H_3O^+$$

$[B(OH)_4]^-$ においてBはOH基と四面体配置で結合する。濃度が高くなると，$[B(OH)_4]^-$ は会合し，さまざまなイオンを形成する。H_3BO_3を強熱すると脱水してB_2O_3を形成する。

②**酸化ホウ素(B_2O_3)** Bが酸素に対して3配位の構造をとっている。融点は480℃，沸点は1680℃であり，融体を冷やすと通常はガラス化する。ホウ酸(H_3BO_3)は水に溶解しやすいので，単独でガラスとして用いられることはないが，ケイ酸塩ガラスにB_2O_3を加えたホウケイ酸塩ガラスはパイレックス®として知られ，熱膨張が小さく理化学機器などに用いられる。アルカリ金属やアルカリ土類金属を多く含むガラスでは，Bは酸素に対して4配位をとることがある。

③**ボラン類** ボラン類はBと水素(H)からなる一群の化合物であり，多数存在する。最も単純な化合物はジボラン(B_2H_6，図3.2)である。ボラン類はハロゲン化ホウ素と水素化物イオン源との間の複分解で合成される。また，ボラン類は可燃性で，爆発性を示すこともある。多くは加水分解を受けやすい。

ジボランにおいて，6個のHのうち末端の4個は通常の1配位でBと結合する。残り2個のHは2配位をとり，2つのBを橋架けしている。BはHに対して四面体的に結合する。2配位のHの結合は**三中心二電子結合**とよばれ，2個の電子がB–H–Bの

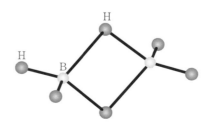

図3.2 ジボランの構造

2つの共有結合にわたって存在し，結合を形成している．結合一つあたりの電子数は1個分となるので，通常の結合より電子密度が小さく，B−H−B 結合における B−H 結合長は 131 pm であり，末端の B−H 結合長 119 pm より若干長くなっている．

④ **炭化ホウ素(B_4C)**　ホウ酸(H_3BO_3)と炭素(C)を混合して高温に保つと炭化ホウ素(B_4C)が得られる．

$$2B_2O_3(s) + 7C(s) \rightarrow B_4C(s) + 6CO(g)$$

B−C 間の結合は非常に強いので，この化合物は高い強度を示す．繊維化され，防弾チョッキなどに用いられている．

⑤ **窒化ホウ素(BN)**　窒素(N)との 1：1 の化合物である．B と N が 1 つおきに結合して結晶を形作る．六方晶および立方晶の結晶構造をとる(図 3.3, 3.4)．六方晶 BN および立方晶 BN の結晶構造はそれぞれグラファイトおよびダイヤモンドに類似している．

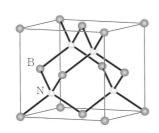

図 3.3　立方晶 BN の結晶構造

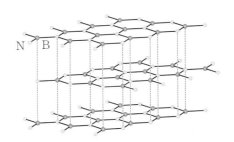

図 3.4　六方晶 BN の結晶構造

（b）アルミニウム(Al)

電子配置

最外殻の電子配置は $3s^2 3p^1$ である．イオン化エネルギー(第一〜三イオン化エネルギーの総計)は 5140 kJ mol^{-1} と大きいが，3 価の陽イオンの水和エンタルピーも大きく(−4665 kJ mol^{-1})，水溶液中では 3 価の陽イオンとして存在する．化合物を形成したとき +3 の酸化数を示すことが多い．化合物中では，四面体配置の 4 配位，もしくは八面体配置の 6 配位をとる．

単体の性質と用途

アルミニウム(Al)の単体は陽性の金属である．空気によりすみやかに酸化されるが，緻密な不動態酸化皮膜が表面に生成するので酸化は進行しない．皮膜を取り除くと常温の水では反応しないが，熱水とは反応し H_2 を発生する．

$$2Al + 6H_2O(l) \rightarrow 2Al(OH)_3(aq) + 3H_2(g)$$

粉末を酸化鉄粉末と混合して加熱すると，激しく反応して，単体の鉄(Fe)を生成する(テルミット反応)．

$$Fe_2O_3 + 2Al \rightarrow 2Fe + Al_2O_3$$

この反応は，Al と O 間の結合エネルギーが Fe と O 間の結合エネルギーより大きいので，Al が酸化鉄(Fe_2O_3)から酸素を奪うことで進行する．

Al 単体は，金属材料として広く用いられている．Al の密度は 2.7 g cm^{-3} であり，他

の金属の密度(たとえば,Fe は 7.9 g cm⁻³)と比較すると小さい。このため,航空機や車など軽量を必要とされる用途に利用される。

製 造 法

原料の鉱石は,ボーキサイト(水酸化アルミニウムを主とする鉱物)である。これを温められた水酸化ナトリウム水溶液に溶解させ,不純物として含まれる酸化鉄(III)を不溶物として分離する。溶液を冷却すると酸化アルミニウム三水和物が沈殿し,強熱すると酸化アルミニウム(Al_2O_3)が得られる。この Al_2O_3 の融点を下げるため氷晶石(Na_3AlF_6)が加えられ,加熱溶融の後,炭素電極にて電解されて Al が得られる。

おもな化合物

① **酸化アルミニウム**(Al_2O_3)　Al の酸化物であり,複数の結晶多形が存在する。Al_2O_3 内の Al は 6 配位構造をとっている。一番安定な Al_2O_3 は α-アルミナ(コランダム)である。粉末は高硬度のため研磨材に用いられ,高純度の焼結体は強度,硬度,耐腐食性に優れるので切削工具やコーティング,構造材として用いられる。気孔を低減させた焼結体は透明であり,ナトリウムランプなど通常のガラスでは腐食される過酷な環境で用いられる。Al_2O_3 は両性酸化物であり,強酸性,強塩基性の化合物と塩を形成し,また強酸,強塩基を含む水溶液には溶解する。

$$Al_2O_3(s) + 6HCl(aq) \rightarrow 2AlCl_3(aq) + 3H_2O(l)$$
$$Al_2O_3(s) + 2NaOH(aq) + 3H_2O(l) \rightarrow 2Na[Al(OH)_4](aq)$$

② **無水塩化アルミニウム**($AlCl_3$)　180 ℃で昇華する白色固体であり,水に溶かすと加水分解され,水酸化物と塩酸を発生する。液体や気体にすると二量体分子(Al_2Cl_6,図 3.5)となる。この分子はジボランに似た塩素の橋架け構造をとっている。橋架けの結合は三中心二電子結合ではなく,$AlCl_3$ が互いに配位している構造に近いと考えられている。

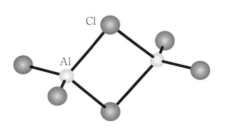

図 3.5　Al_2Cl_6 分子の構造

③ **スピネル**($MgAl_2O_4$)　Al は地殻中に非常に多く存在し,これを含む鉱物は数多く存在する。Mg^{2+} と Al^{3+} を含む酸化物であるスピネルは,陽イオンが二種類存在する複酸化物の代表的な結晶である。酸素の立方最密充填構造において,四面体隙間と八面体隙間にそれぞれマグネシウム,アルミニウムイオンが占有する構造をもっている。単位格子の立方体の 1/8 を図 3.6 に示す。

3.4 pブロック元素

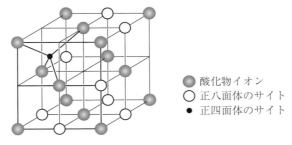

○ 酸化物イオン
○ 正八面体のサイト
● 正四面体のサイト

図3.6 スピネルの構造

3.4.2 14族元素

14族元素(炭素(C),ケイ素(Si),ゲルマニウム(Ge),スズ(Sn),鉛(Pb))において,Cは非金属的,SiとGeは半金属,SnとPbは電気陽性の弱い金属である。炭素間の共有結合は非常に強いので,炭素の単体は高温まで安定に存在する。その他の元素は原子番号が大きくなるほど融点および沸点は低くなる(表3.6)。電気陰性度は比較的大きいため,電子を引きつけ共有結合を形成する傾向がある。ns^2np^2の電子配置をもち,化合物を形成する場合,+4の酸化数をとることが多い。Ge,Sn,Pbでは不活性電子対効果のため+2の酸化数をとることが多い。

表3.6 14族元素の性質

	原子半径	単体の融点	第一イオン化エネルギー	電気陰性度
	[pm]	[℃]	[kJ mol^{-1}]	
C	77	3730	1086	2.6
Si	117	1410	786	2.0
Ge	122	937	762	2.0
Sn	140	232	708	1.9
Pb	154	327	716	2.3

(a) 炭 素 (C)

電子配置

最外殻の電子配置は$2s^22p^2$であり,原子半径は小さい。イオン化エネルギーは非常に大きいのでイオン化しにくく,化合物を形成する際,共有結合を形成する。2sと2p軌道のエネルギー差は小さく,混成軌道を形成しやすい。

単体の性質と用途

炭素は炭素どうしで単結合,二重結合および三重結合を形成可能で,多くの同素体が存在する。代表的な単体はダイヤモンド,黒鉛,フラーレン,カーボンナノチューブ,グラフェンである。

① ダイヤモンド　立方晶の構造をもち,Cどうしが四面体配置で共有結合し,固体全体にわたって結合のネットワークを形成する(図3.7)。結合は強固で熱振動を伝えやすい。このため物質のなかで最も硬く,熱伝導性が高い。ダイヤモンドの密度(3.5 g cm^{-1})はグラファイトの密度(2.2 g cm^{-1})より大きい。

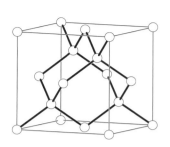
図 3.7 ダイヤモンドの構造

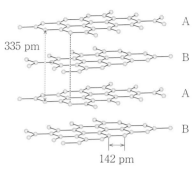
図 3.8 グラファイトの構造

②**グラファイト**(黒鉛)　大気圧下ではダイヤモンドよりも熱力学的に安定である。C原子が他のC原子と平面3配位で結合し，六員環からなる網面を構成し，これが上下に積み重なる構造をもっている(図 3.8)。網面はお互いにファンデルワールス力で結合し，応力がかかると網面間ですべりや剥離がおきる。このような現象により，グラファイトはダイヤモンドよりやわらかく，潤滑性を示す。グラファイトは酸化されることを除けば非常に安定で，酸や塩基とほとんど反応せず，電気を通す性質を示す。酸素が存在しない環境では高温に耐えるので，特殊な電気炉のヒーターや断熱材，電気分解の電極として用いられる。電気を通し潤滑性があるので，モーターのブラシなどの部材としても用いられる。

③**フラーレン，グラフェン，カーボンナノチューブ**　比較的最近みつかった同素体であり，これらはCの網面から構成されている。フラーレンではCの網面は六員環と五員環が組み合わさり，球体を形成している。グラフェンとカーボンナノチューブは六員環から構成されたグラファイトの一層が基礎となっており，一層の平面だけの場合はグラフェン，単層もしくは多層で円筒を形成するとカーボンナノチューブになる。グラフェンは2010年のノーベル賞で注目された物質である。欠陥が少ないので，高い強度(鋼の400倍)や電気伝導性がみられ，材料として期待されている。

おもな化合物

①**炭化水素**　有機化学の基礎となる化合物の一群である。一番単純な炭化水素はメタン(CH_4)である。メタンは無臭で可燃性の気体である。家庭および工業用の燃料として用いられている天然ガスの主成分である。

$$CH_4(g) + 2O_2(g) \rightarrow CO_2(g) + 2H_2O(l) \quad (燃焼熱 \quad 882 \text{ kJ mol}^{-1})$$

燃焼反応以外では比較的反応性が低いが，紫外線下でハロゲンと反応する。

$$CH_4(g) + Cl_2(g) \xrightarrow{紫外光} CH_3Cl(g) + HCl(l)$$

②**一酸化炭素**(CO)　COは炭素を含む化合物を不完全燃焼させると生成する。

$$2C(s) + O_2(g) \rightarrow 2CO(g)$$

反応性が高く，酸素と反応すると燃焼し二酸化炭素となる。鉄の製錬では高炉中でコークスと酸素との反応によって生成され，鉄鉱石に対する還元剤として機能する。

3.4 p ブロック元素

$$Fe_2O_3(s) + 3CO(g) \rightarrow 2Fe(l) + 3CO_2(g)$$

安価で生成が容易なため,鉄の製錬には不可欠な化合物である。CO は d ブロックの元素と強固な配位結合を形成する。赤血球中のヘモグロビンとの親和性が酸素の 300 倍も大きいので,有害であり,取り扱いに注意が必要である。

③**二酸化炭素**(CO_2) $O=C=O$ の直線状の分子であり,C の完全燃焼によって生成する。無色無臭の気体であり,不燃性で,助燃性もない。大気圧下では液体を形成せず,固体もしくは気体となる。大気圧下の昇華点は -78 ℃であり,固体はドライアイスとして広く利用されている。

④**炭酸イオン**(CO_3^{2-}) CO_2 が水に溶解した際に形成される。

$$CO_2(aq) + H_2O(l) \rightleftarrows H_2CO_3(aq)$$

CO_3^{2-} に含まれる炭素は酸素と平面 3 配位で結合し,結合はすべて同じ長さ(129 pm)になっており,単結合(143 pm)より短い。sp^2 混成軌道によって平面的に結合(σ 結合)し,結合に関与しない p 軌道の電子が O の p 軌道と共鳴構造を形成する。このため単結合より短く,結合次数は $1+1/3$ と考えられる。CO_3^{2-} は炭酸カルシウム($CaCO_3$)や炭酸バリウム($BaCO_3$)などの鉱物の構成物質としても存在している。

(b) ケイ素 (Si)

電子配置

最外殻の電子配置は $3s^2 3p^2$ であり,地殻中で 2 番目に多く存在する元素である。イオン化エネルギーは非常に大きい。炭素と異なり多重結合を形成することはほとんどなく,sp^3 混成軌道により 4 配位的で共有結合を形成することが多い。

単体の性質と用途

半導体の材料として用いるために,Si 単結晶は大量に生産されている。Si の結晶はダイヤモンドと同じ構造をもつが,Si 間の結合(結合エネルギー 222 kJ mol^{-1})は炭素間の結合(同 346 kJ mol^{-1})ほど強くないので,結晶もダイヤモンドほど硬くなく融点も低い(1414 ℃)。単結晶は,石英るつぼに溶融した Si に単結晶を接触させて引き上げるチョクラルスキー(Czochralski)法により作られている。太陽電池などにはアモルファスの薄膜も作製されている。

化合物を形成したときの酸化数は -4 (SiH_4 など)から $+4$ (SiO_2)までとる。

製造法

Si は天然の石英(SiO_2)をコークス(C)とともに 2000 ℃以上に加熱して還元させることで得られる。

$$SiO_2(s) + 2C(s) \rightarrow Si(l) + 2CO(g)$$

この手法で得られた Si は純度が低いので,Si を塩化水素ガス気流中で 300 ℃に加熱し,トリクロロシラン($SiHCl_3$)を得る。

$$Si(s) + 3HCl(aq) \rightarrow SiHCl_3(g) + H_2(g)$$

$SiHCl_3$ は蒸留が可能なので,蒸留により純度を向上させることができる。1000 ℃程度まで温度を上げると,逆反応が起こり,高純度の Si が析出する。

$$SiHCl_3(g) + H_2(g) \rightarrow Si(s) + 3HCl(aq)$$

超高純度のSiが必要な場合,単結晶のSiインゴットに帯溶融法(ゾーンメルティング)を行い純度を向上させる。

おもな化合物

① **二酸化ケイ素(SiO_2)** 一般にシリカとよばれ,石英などの鉱物として産出される。SiO_2には結晶構造が異なる多形が多く存在する。Siはsp^3混成軌道によって4つの酸素と四面体配位で結合しており(SiO_4四面体),酸素は2つのSiと結合し,－Si－O－Si－の結合が連なった巨大なネットワークを形成する。融点は1650℃であるが,1600℃付近から軟化しはじめる。融体は冷やすと容易にガラス化する。非常に安定で,酸,塩基にはほとんど侵されないが,フッ酸(HF)には侵される。

$$SiO_2(s) + 6HF(aq) \rightarrow SiF_6^{2-}(aq) + 2H^+(aq) + 2H_2O(l)$$

② **ケイ酸塩ガラス** ガラスには多様な種類があり,組成もさまざまであるが,ほとんどはSiO_2が主成分となっている。SiO_2のみのガラスは石英ガラスであり,熱膨張率が非常に低いため熱衝撃に対して強く,赤熱した状態で水をかけても割れない。融点(軟化点)が非常に高いため,通常は他の化合物を入れて融点を下げ,製造や加工が容易になるようにしている。窓ガラスなどは,アルカリ金属やアルカリ土類金属の酸化物を混合させて融点を低下させ,加工性を向上させている。酸化ホウ素(B_2O_3)を含むパイレックスガラスは熱膨張率が低く,くり返し加熱にさらされる理化学機器や食器,窓ガラス,ディスプレイのガラス基板などの幅広い用途に用いられる。

③ **シリコーン** Si原子とO原子が交互に並んだ鎖をもち,各Si原子にメチル基のような有機基が1つ結合している高分子の一群である。シリコーンは液体,粉末,ゴム状の固体などさまざまな形態をとることが可能である。変質しない,撥水性をもつ,高温でも分解しないなどの性質をもち,高温に耐えるゴムや,オイル,撥水スプレーの成分などに用いられている。

3.4.3 15族元素

窒素(N)とリン(P)は電気的に絶縁体であり,ともに酸性酸化物を生じるので明確に非金属に分類される。ヒ素(As)固体は金属性を示すが加熱して気化し,その後析出させると非金属的な同素体となり,半金属としてもみなされる。アンチモン(Sb)とビスマス(Bi)は一般的な金属より電気抵抗が1～2桁大きいので半金属とみなされる。N, Pは化合物を形成する際,幅広い酸化数(-3～+5)の化合物を形成するが,As～Biは

表3.7 15族元素の性質

	原子半径	単体の融点	第一イオン化エネルギー	電気伝導率	電気陰性度
	[pm]	[℃]	[kJ mol^{-1}]	[10^{-10} S m^{-1}]	
N	74	-210	1402		3.0
P	110	44(黄リン) 590(赤リン)	1011	10	2.2
As	122	613	947	3.33	2.2
Sb	141	630	834	2.5	2.1
Bi	170	271	704	0.77	2.0

3.4 pブロック元素

不活性電子対効果の影響でおもに+3の酸化数を示す。

(a) 窒素（N）

電子配置

外殻の電子配置は $2s^2 2p^3$ であり，原子半径は小さい。イオン化エネルギーは非常に大きく，単結合から三重結合まで形成する。ポーリングの電気陰性度は3.0であり，電気陰性度の大きい元素（O, Fなど）との化合物では電子を供与して自身の酸化数は大きくなり，電気陰性度の小さな元素（H, Cなど）との化合物では電子を受け取り自身の酸化数は小さくなる。このため化合物を形成した場合，幅広い酸化数の変化を示すことになる。

単体の性質と用途

単体は窒素分子（N_2）として大気中に存在する。N_2分子は非常に安定で，三重結合を形成している。この三重結合の結合エネルギーは $950\,\mathrm{kJ\,mol^{-1}}$ と非常に大きく，ダイヤモンド中のC-C結合（結合エネルギー $350\,\mathrm{kJ\,mol^{-1}}$），$O_2$分子のO=O結合（同 $500\,\mathrm{kJ\,mol^{-1}}$）や$CO_2$分子中のC=O結合（同 $800\,\mathrm{kJ\,mol^{-1}}$）より安定である。$N_2$分子は無味無臭であり，その大きな結合エネルギーのため他の元素と化合物をつくりにくく不活性である。このためN_2分子は不活性ガスとして化学プラント容器内の置換などに用いられる。Nは還元もしくは酸化して化合物を形成した場合，肥料や化学品の原料として幅広い用途がある。

おもな化合物

①アンモニア（NH_3）　現在ではおもにN_2分子を原料にしたハーバー–ボッシュ法によって合成されている。

$$N_2(g) + 3H_2(g) \rightarrow 2NH_3(g)$$

上記の反応式において，反応では発熱し体積が減るので，ルシャトリエ（Le Chatelier）の法則から，低温で高圧にすると反応の進行を助けると考えられる。しかし，この反応では活性化エネルギーが大きいので，反応は非常に遅い。反応を速くするため，触媒を用い，ある程度の高温（400～500℃）にし，そのうえで高圧（10～100 MPa）にしている。NH_3は肥料の原料として非常に重要であり，そのまま使われることもあるが，硫酸（H_2SO_4）塩やリン酸（H_3PO_4）塩とすることで固体にして肥料として用いられる。

$$2NH_3(g) + H_2SO_4(aq) \rightarrow (NH_4)_2(SO_4)(aq)$$
$$3NH_3(g) + H_3PO_4(aq) \rightarrow (NH_4)_3(PO_4)(aq)$$

②ヒドラジン（N_2H_4）　発煙性の無色液体で，腐食性と毒性がある。水や多くの有機溶媒に溶解する。水に溶けると弱塩基となり，1つプロトン化された塩と2つプロトン化された塩の2種類を形成する。

$$N_2H_4(aq) + H_3O^+(aq) \rightarrow N_2H_5^+(aq) + H_2O(l)$$
$$N_2H_5^+(aq) + H_3O^+(aq) \rightarrow N_2H_6^{2+}(aq) + H_2O(l)$$

ヒドラジンはプラスチックなどの原料，アルキル誘導体はロケット燃料に用いられる。強い還元剤であり，ヨウ素をヨウ化水素に，銅(II)イオンを金属に還元する。

③亜酸化窒素（N_2O）　笑気ガスともよばれ，甘い香りがする。麻酔として用いられる

ことがある。反応性の低い中性の気体で助燃性がある。塩酸によって酸性にした硝酸アンモニウム溶液の加熱によって生成する。

$$NH_4NO_3(aq) \xrightarrow{H^+} N_2O(g) + 2H_2O(l)$$

N_2O 分子は直線形状をしており，

$$N\equiv N^+ - O^- \leftrightarrows N=N=O$$

の共鳴構造で表される。

④**硝酸**(HNO_3) 　純粋なときは無色油状の液体で非常に強い酸である。光に誘起される分解反応のため，薄い黄色をしている。通常は水に溶解した形(70 % 水溶液)で市販されている。窒素(N)に酸素(O)が平面的に3配位しており，うち一つは水素(H)と結合している。酸化性をもつ酸であり，化学工業において広く用いられている。

(b) リン (P)

電子配置

最外殻の電子配置は $3s^2 3p^3$ であり，化合物を形成したときの酸化数は $-3 \sim +5$ と幅広く変化する。Pどうしの三重結合は窒素(N)ほど安定ではなく，通常，Pどうしは単結合を形成する。酸素との化合物では高酸化数になるほど安定化する。

単体の性質と用途

いくつかの同素体が存在する。最も一般的なのは白リン(もしくは黄リン)であり，ほかに赤リン，黒リンがある。白リンは正四面体の頂点にPが位置した4量体分子から構成される。揮発性の高い物質であり，空気中で激しく燃えて十酸化四リン(P_4O_{10})を生じる。酸素に対して反応性が高く，水中で保管する。白リンへ紫外線を当てるとゆっくり赤リンに変化する。このとき，白リンの正四面体分子の1つの結合が切れて，隣の正四面体ユニットと重合する。赤リンは空気中で安定であり，酸素とは400℃以上にしないと反応しない。黒リンは高圧下で加熱することで得られる。赤リンは過去にマッチに多く用いられていたが，現在では用途は少ない。

製造法

リン酸カルシウム鉱石($Ca_3(PO_4)_2$)から得られる。鉱石はケイ砂，コークスとともに通電加熱により1500℃まで加熱され，一酸化炭素と反応して，酸化カルシウム，二酸化炭素，白リンの気体が生じる。

$$2Ca_3(PO_4)_2(s) + 10CO(g) \rightarrow 6CaO(s) + 10CO_2(g) + P_4(g)$$

おもな化合物

①**酸化リン** 　さまざまな種類の酸化リンが存在する(図3.9)。六酸化四リン(P_4O_6)は白リンを酸素欠乏下で酸素と反応させると得られる。白色の固体である。十酸化四リン(P_4O_{10})は，白リンを酸素過剰下で酸素と反応させると得られる。水と何段階ものステップで激しく反応し，最終的にリン酸(H_3PO_4)を生じ，脱水剤として用いられる。

②**リン酸**(H_3PO_4) 　リン酸(オルトリン酸)は融点42℃の無色固体である。濃水溶液は粘性が高く，3段階で電離する弱酸である。リン酸塩になると家庭用洗剤や食品添加物，肥料など非常に幅広い用途がある。

3.4 pブロック元素

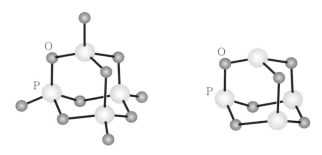

図3.9　十酸化四リン(P_4O_{10})と六酸化四リン(P_4O_6)

3.4.4　16族元素

16族元素(酸素(O), 硫黄(S), セレン(Se), テルル(Te), ポロニウム(Po))はカルコゲンともよばれる。カルコゲンとは「鉱石をつくる元素」を意味するギリシア語である。特に, Oは岩石(大抵は酸化物から構成されている)の主成分, および水を構成する元素でもあり, 地殻中で最も多量に存在する元素である。16族元素においてO, Sは共有結合性の化合物を形成し, Seは半金属, Te, Poは金属である(表3.8)。ns^2np^4の電子配置をとり, 酸素は電気陰性度がフッ素(F)の次に大きいため, ほとんどの元素から電子を奪い, 相手を酸化させやすい。その他の元素は酸素ほど電気陰性度が大きくなく, 化合する元素によって正および負の酸化数をとりうる。したがって, 化合物を形成する場合, Oは−2もしくは−1の酸化数, Sは−2〜+6の酸化数, SeとTeは+2〜+6の酸化数をとることが多い。

表3.8　16族元素の性質

	共有結合半径	イオン半径 (M^{2-})	単体の融点	単体の沸点	第一イオン化エネルギー	電気陰性度
	[pm]	[pm]	[℃]	[℃]	[kJ mol^{-1}]	
O	73	140	−218	−183	1314	3.4
S	104	184	113	445	1000	2.6
Se	117	198	217	685	941	2.6
Te	135	221	450	990	869	2.1
Po	140		254	960	812	2.0

(a)　酸　素(O)

電子配置

最外殻の電子配置は$2s^22p^4$である。イオン化エネルギーは非常に大きく, 陽イオンになることはまれである。イオン性の固体において, 酸化物イオン(O^{2-})として存在する。共有結合性の化合物に対して, 単結合および二重結合を形成する。ポーリングの電気陰性度は3.4と元素のなかでは大きく, 化合した元素から電子を奪い相手を酸化させることが多い。

単体の性質と用途

酸素の単体は酸素(O_2)およびオゾン(O_3)がよく知られている。

O_2 は無色無臭の気体であるが冷却して液化(沸点は -183 ℃)するとうすい青色の液体となる。酸素原子間では二重結合を形成し,その結合エネルギーは $494\ kJ\ mol^{-1}$ と大きく,比較的安定な分子である。それ自身は燃えないが助燃性がある。酸化性があり,ほぼすべての金属は一緒に加熱されると反応して酸化される。O_2 は大気の約 21 % を占めており,いうまでもなく人間などの生物にとって不可欠な物質である。しかし,O_2 は光合成行う生物により産出されて生じたので,生物登場以前にほとんど存在しなかったと考えられる。

オゾン(O_3)は刺激臭をもつ気体であり,気体は青色,液体は暗青色である。酸素分子への紫外光の照射や放電により生成する。分子は V 字型をしており,2 つの O−O 結合は同じ長さで,結合次数は約 1.5 である。この構造は図 3.10 に示した共鳴で説明される。非常に酸化性の強い気体であり,殺菌や有機物の分解などに用いられる。O_3 は波長 220〜290 nm の紫外光を強く吸収する能力をもつ。成層圏において O_3 が紫外光を吸収することで,有害な紫外光が地上まで届くことを防いでいる。

図 3.10 オゾンの共鳴構造

おもな化合物

① **水(H_2O)** O は sp^3 混成軌道を形成し,4 つの軌道のうち 2 つは非共有電子対を形成し,残り 2 つに酸素由来の電子が 1 つと水素由来の電子 1 つがそれぞれ入り,共有結合を形成する。酸素の電気陰性度が大きいので,水素の電子は酸素に引き寄せられており,酸素原子上に負電荷,水素原子上に正電荷が偏り,分極している。この分極の存在が H_2O 分子間で水素結合を形成する要因となっており,同等の分子量の化合物よりはるかに高い融点,沸点につながっている。

② **オキソニウムイオン(H_3O^+)** 水溶液が酸性の場合,H_2O 分子における酸素がもつ非共有電子対のうちの 1 つに H^+ が配位して,形成する。酸素の周囲に 3 つの水素と 1 つの非共有電子対が四面体的に配置し,構造はアンモニアと似ている。

③ **過酸化水素(H_2O_2)** 水の 2 つの水素のうち 1 つを OH に置き換えた構造をしている。通常は水に溶かした状態で取り扱う。HO−OH の二面角は気相で 111°,固相で 90° 程度と,環境によって敏感に変化するといわれている。熱力学的に不安定で,H_2O と O_2 に分解する。

$$H_2O_2(l) \rightarrow H_2O(l) + \frac{1}{2}O_2(g)$$

3.4 pブロック元素

(b) 硫黄(S)

電子配置

最外殻の電子配置は$3s^2 3p^4$であり,原子半径,イオン半径とも第3周期のなかでは大きい。共有結合を形成し化合物を形成する。ポーリングの電気陰性度は2.6と元素のなかでは中間的な値である。化合物を形成した場合,$-2 \sim +6$と幅広い酸化数を示す。

表3.9 おもな硫黄の同素体および多形の性質

同素体,多形	融点[℃]	色
S_3	気体	鮮紅色
S_6	50*	橙赤色
S_7	39*	黄色
$\alpha\text{-}S_8$	113	黄色
$\beta\text{-}S_8$	120	黄色
$\gamma\text{-}S_8$	107	淡黄色
S_{10}	0	黄緑色
S_{12}	148	淡黄色
S_{18}	128	レモン黄色
S_{20}	124	淡黄色
S_∞	104	黄色

* は分解点を表している。

単体の性質と用途

Sは太古からよく知られる固体である。同素体および多形がいくつか存在する(表3.9)。これらは構成分子の違いに由来する。一般的によくみられるのはS_8の分子(図3.11)から構成される固体である。

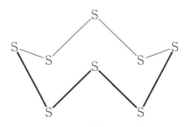

図3.11 硫黄のS_8分子

製造法

Sは従来,硫黄鉱山から採掘されていたが,現在は原油の精製中の脱硫による副産物として供給されている。

おもな化合物

①**硫化水素**(H_2S) 火山性ガスとしてよく知られる気体であり,無色だが特有の刺激臭(腐卵臭)をもち毒性がある。16族の水素化物という点では水と共通性があるが,H–S–H角は92°と水の折れ曲がり角(105°)より非常に小さい。硫黄と水素との結合には$3s$軌道がほとんど関与せず,p軌道のみが結合に関与しているためと考えられている。水に溶けると2段階で解離して弱酸性を示す。

$$\text{H}_2\text{S}(\text{aq}) + \text{H}_2\text{O}(\text{l}) \rightleftarrows \text{H}_3\text{O}^+(\text{aq}) + \text{HS}^-(\text{aq})$$

$$\text{HS}^-(\text{aq}) + \text{H}_2\text{O}(\text{l}) \rightleftarrows \text{H}_3\text{O}^+ + \text{S}^{2-}(\text{aq})$$

②**硫酸**(H_2SO_4)　非常に有用な化合物であり，粘性のある液体である．水に溶け，希釈の際，大きな発熱をともなう．水溶液中では解離して2価の酸となる．脱水性および酸化性を有する酸である．硫酸イオン(SO_4^{2-})においては，硫黄に4つの酸素が四面体的に結合しており，H_2SO_4では酸素のうちの2つに水素イオンが結合した構造をもっている．H_2SO_4の結晶ではS−O結合とS−O(H)結合の長さは異なるが，SO_4^{2-}ではS−O結合はすべて同じ長さであり，電荷は非局在化していると考えられる．H_2SO_4は製品の原料になる場合もあるが，反応途中の中間体としてのみ用いられ，最終製品に残らない場合も多い．

3.4.5　17族元素

17族元素(フッ素(F)，塩素(Cl)，臭素(Br)，ヨウ素(I)，アスタチン(At))において，単体のF，Clは気体，Brは液体，I，Atは固体である．**ハロゲン**(塩を与えるものという意味)とよばれる．単体はすべて有色で反応性が高く，電気陰性度が比較的大きいなど共通の性質が多くみられる(表3.10)．最外殻の電子配置は$n\text{s}^2n\text{p}^5$であり，希ガスの電子構造から電子が1つ少ない．化合物を形成する場合，Fは−1の酸化数，その他の元素では−1〜+7の酸化数をとる．

表3.10　17族元素の性質

	共有結合半径 [pm]	イオン半径 [pm]	単体の融点 [℃]	単体の沸点 [℃]	第一イオン化エネルギー [kJ mol^{-1}]	電気陰性度
F	71	133	−220	−188	1681	4.0
Cl	99	181	−101	−34.7	1251	3.2
Br	114	196	−7.2	58.8	1139	3.0
I	133	220	114	184	1008	2.6
At	140		302		926	2.2

(a)　フッ素(F)

電子配置

最外殻の電子配置は$2\text{s}^22\text{p}^5$である．Fの電子は原子核に強く引きつけられており，共有結合半径，イオン半径ともに小さい．イオン化エネルギーは大きく，陽イオンになることはない．電気陰性度が全元素中で最大であり，電子親和力も大きいので，ほかの元素と化合する場合，フッ素側に電子を引きつけ相手を酸化させる．

単体の性質と用途

単体はフッ素分子(F_2)であり，F間で単結合を形成している．F−F間の結合エネルギーは158 kJ mol^{-1}であり，ほかの二原子分子の結合エネルギー，O_2(495 kJ mol^{-1})，N_2(946 kJ mol^{-1})，Cl_2(240 kJ mol^{-1})と比べると非常に小さい．F_2分子において，F原子は結合に関与しない最外殻電子を多く有している．これら結合に関与しない電子の

3.4 pブロック元素

反発によってF原子はお互いに近づけず，F−F結合は不安定になり開裂しやすくなる。いったん結合が解裂すると，F原子はそれ自身の大きな電気陰性度と電子親和力のため相手から強力に電子を奪って反応する。Fは酸素より電気陰性度が大きいので，F_2分子は水と反応して酸素を遊離させる。

$$2F_2(g) + 2H_2O \rightarrow 4HF(aq) + O_2(g)$$

F_2分子は相手をフッ化させる能力に優れるので，フッ化物の原料に用いられる。

製造法

Fは天然には蛍石(CaF_2)として産出する。その他，氷晶石(Na_3AlF_6)などFを含む鉱物はいくつか存在するが，産業用としてはCaF_2だけがFの原料となっている。

おもな化合物

①フッ化水素酸(HF)　無色の発煙性液体で沸点が20℃である。ほかのハロゲン化水素と比べると沸点が高くなっており，水素結合に起因していると考えられている。HFは弱酸であり，水溶液中で解離しにくい。これは水素−フッ素間の結合が強いためである。HFは二酸化ケイ素(SiO_2)と反応する数少ない試薬である。

②ポリテトラフルオロエチレン(PTFE)　テフロン®として知られ，化学的に安定で，高耐熱性，摩擦が少なく剥離性に優れる樹脂である。炭素鎖のまわりを囲むようにFが結合した構造をもつ高分子から形成されている。CとF間の結合は強固で多少の熱や化学物質によって分解しない。Fにおいて原子核は電子を強力に引きつけており，電子分布の一時的な偏りによる分極は起こりにくい。このためFにファンデルワールス力ははたらきにくくなるので，他の元素が反応や結合しにくくなり，結果として剥離性に優れた性質を実現する。

(b) 塩素(Cl)

電子配置

最外殻の電子配置は$3s^2 3p^5$である。ポーリングの電気陰性度は3.2であり，F(4.0)やO(3.4)の次に大きい。大抵の元素から電子を奪うが，相手がFとOの場合，電子を供給する側になる。化合物を形成する場合，酸化数は$-1 \sim +7$と幅広い値をとる。

単体の性質と用途

地殻中では11番目に多い元素である。単体はCl_2の淡い黄緑色の気体であり，反応性が非常に高く毒性がある。Cl−Cl間は単結合であり，結合エネルギーは$240\ kJ\ mol^{-1}$と比較的低く，光によって塩素原子(Cl)へ解裂する。また，反応性が高くさまざまな物質と反応する。水と反応すると，塩酸(HCl)と次亜塩素酸(HClO)を生成する。

$$Cl_2(g) + H_2O \rightarrow HCl + HClO$$

製造法

原料は岩塩(NaCl)である。水溶液を電気分解すると陽極において生成する。

$$2Cl^-(aq) \rightarrow Cl_2(g) + 2e^-$$

おもな化合物

①塩酸(HCl)　きわめて水に溶けやすい気体であり，市販の濃塩酸は約38％($12\ mol\ L^{-1}$)のHClを含んでいる。水溶液は強酸であり，ほぼ完全にイオン化している。

無色であるが，工業用の塩酸には不純物として鉄が含まれているので黄色みを帯びている。

②**次亜塩素酸**(HClO)　非常に弱い酸であるが，強い酸化剤であり，自らは還元されて塩素ガスを発生する。

$$2HClO + 2H^+ + 2e^- \rightarrow Cl_2(g) + 2H_2O$$

次亜塩素酸イオン(ClO^-)は弱い酸化剤であり，自身は還元されてCl^-を生じる。

$$ClO^- + H_2O + 2e^- \rightarrow Cl^- + 2OH^-$$

酸化作用により，漂白や殺菌効果が生じる。

演習問題 3

[1]　希ガスが単原子分子となり，化学的な反応性などが低い理由を原子の電子配置に着目して説明しなさい。

[2]　XeやKrがフッ素(F)と反応してXeF_2，KrF_2などのフッ化物を生成する理由を簡単に説明しなさい。

[3]　メタン(CH_4)を用いてCO_2とH_2からなる水性ガスを得る生成反応を書きなさい。

[4]　超酸化カリウムと水の反応式を書きなさい。

[5]　バリウムは，酸化バリウムをアルミニウムで還元することで得ることができる。この反応式を書きなさい。また，このような反応は何とよばれるか，その名称を答えなさい。

[6]　硫酸カルシウム($CaSO_4$)に水和物を焼成してつくったセッコウは水を加えると反応して固化する性質があり，建築材料や型材として用いられている。このセッコウの固化する理由を，セッコウと水の反応式を書き説明しなさい。

[7]　ホウ酸(H_3BO_3)の希薄水溶液が弱酸を示す理由を，化学式を用いて示しなさい。

[8]　ジボラン(B_2H_6)の立体的な分子構造を示し，その特徴的な結合を説明しなさい。

[9]　ボーキサイトからアルミニウムを得る精錬法を説明しなさい。

[10]　炭素の同素体を結晶構造を炭素間の結合に注意しながら説明しなさい。

[11]　アンモニア(NH_3)の合成法を説明しなさい。

[12]　リン(P)の同素体を説明しなさい。

[13]　オゾン(O_3)の分子構造を示しなさい。

[14]　硫黄(S)の代表的な同素体をあげなさい。

[15]　フッ素ガス(F_2)と塩素ガス(Cl_2)をそれぞれ水と反応させたときの式を示し，比較しなさい。

4

遷移元素の性質と反応

4.1 dブロック元素の特徴と性質

第3章では,アルカリ金属,アルカリ土類金属,および典型元素について学んできた。本章では,d軌道を電子が占有している,いわゆるdブロック元素について,金属から化合物まで,その基本的な性質について学ぶ。

第3族のスカンジウム(Sc)やイットリウム(Y)は,希土類元素として扱われるケースも見うけられるが,ここではdブロック元素として扱う。なお,周期表第7族の第5周期にあるテクネチウム(Tc)は,天然には存在せず,中性子照射や核分裂反応で生成する元素であるため,本節では省略した。

本節では,周期表の第3,第4および第5周期の同族元素をまとめて扱い,その化学的性質の類似する点および異なる点などにも着目し,簡潔に記述する。また,必要に応じて,化学反応を標準電極電位の視点から解釈する。この値は金属イオンの還元されやすさを示した数値であり,詳細は第6章で扱う。

なお,遷移金属の大きな特徴である種々の錯体の特性については,4.2節で詳細に扱う。

4.1.1 3族元素

表 4.1 3族元素の電子配置

元　素	元素記号	電子配置
スカンジウム	Sc	$[Ar]3d^14s^2$
イットリウム	Y	$[Kr]4d^15s^2$

(a) スカンジウム(Sc)

産出量が少ない高価な元素の一つで,その単体は銀白色を呈している。熱水中では,水素を発生して容易に溶けて,オキシ水酸化スカンジウム(ScO(OH))を生じる。安定な+3価のSc化合物は,無色で,反磁性である。また,ScはAlと同様に両性であり,塩基にも溶解して水素を発生する。

$$2Sc + 6NaOH + 6H_2O \rightarrow 2Na_3[Sc(OH)_6] + 3H_2$$

(b) イットリウム(Y)

空気中では容易に酸化被膜が生成される。Scと同様に，水と反応して塩基性酸化物や水酸化物を生成する。水酸化イットリウム($Y(OH)_3$)は，二酸化炭素(CO_2)と反応して炭酸塩を生成する。

$$2Y(OH)_3 + 3CO_2 \rightarrow Y_2(CO_3)_3 + 3H_2O$$

また，水酸化物や炭酸塩を熱分解すると酸化イットリウム(Y_2O_3)が得られる。

$$2Y(OH)_3 \rightarrow Y_2O_3 + 3H_2O$$
$$Y_2(CO_3)_3 \rightarrow Y_2O_3 + 3CO_2$$

イットリウムアルミニウムガーネット($Y_3Al_5O_{12}$)やイットリウム鉄ガーネット($Y_3Fe_5O_{12}$)のYの一部を希土類元素で置換した化合物は，レーザー発光材料や磁気光学材料などに応用されている。

4.1.2 4族元素

表4.2 4族元素の電子配置

元素	元素記号	電子配置
チタン	Ti	$[Ar]3d^24s^2$
ジルコニウム	Zr	$[Kr]4d^25s^2$
ハフニウム	Hf	$[Xe]4f^{14}5d^26s^2$

(a) チタン(Ti)

鉱物と金属単体 ルチル鉱石(TiO_2)およびチタン鉄鉱($FeTiO_3$)などの鉄鉱石中に存在する。TiO_2を塩素で$TiCl_4$としてから，高温下においてMgで還元するとTi単体が得られる。

$$TiO_2 + 2Cl_2 + 2C \rightarrow TiCl_4 + 2CO$$

純粋なTiは高融点で耐腐食性にも優れている。また，Tiを含む合金は高強度になるため，航空機骨材，タービンエンジン，バルブ類などの特殊な用途に用いられる。また，ロケットエンジンや超音速ジェット機などの構成材料として需要も広い。

金属化合物 酸化数+2, +3, +4をもつ化合物が知られている。酸化数+4のTiO_2は両性酸化物であり，常温では，硫酸や水酸化ナトリウムにそれぞれ溶解し，硫酸チタニル($TiOSO_4$)やチタン酸ナトリウム(Na_2TiO_3)を生成する。

四塩化チタン($TiCl_4$)は，塩素とTi単体の反応によって得られる無色の液体で発煙性が強い。$TiCl_4$は，チタン化合物を合成するための出発物質として幅広く用いられ，水と反応すると水酸化チタン($Ti(OH)_4$)が生成し，$Ti(OH)_4$からTiO_2が得られる。

$$TiCl_4 + 4H_2O \rightarrow Ti(OH)_4 + 4HCl$$
$$Ti(OH)_4 \rightarrow TiO_2 + 2H_2O$$

Ti^{3+}を含むチタン化合物はd電子の不対電子をもつため常磁性で，d-d遷移によって紫色を呈する。標準電極電位$Ti^{3+}/Ti^{2+} = -0.368\,V$であり，$Ti^{2+}$が強い還元剤であることを示している（標準電極電位については6.2節参照）。Ti^{3+}も還元剤として作用することが知られているが，Ti^{3+}が水溶液中で酸化されるとTi^{4+}とはならず，加水分

4.1 dブロック元素の特徴と性質

解されてチタニルイオン(TiO^{2+})が生じる。

TiO_2 は化学的に安定で，白色を呈しており，塗料あるいは化粧品の成分や，人工宝石として広く活用されている。最近では，脱臭，防汚，抗菌，環境浄化などに有効な光触媒機能(7.3節参照)が注目されている。

(b) ジルコニウム(Zr)，ハフニウム(Hf)

ZrやHfは，硬くて耐食性に優れている。電子配置は大きく異なるが，金属結合半径およびイオン半径について，ZrおよびZr^{4+}はそれぞれ1.59Å，0.74Åであり，HfおよびHf^{4+}はそれぞれ1.56Åおよび0.75Åであり，ほとんど差がない。これは，f軌道が内殻軌道であり，これらの半径に影響を及ぼしにくいためである。このような第5周期と第6周期の元素の半径に大きな違いがみられにくいという傾向は，他の族にも認められる(ランタノイド収縮)。

ZrやHfの最高酸化数はTiと同様に+4である。+4価の酸化物MO_2(M = Ti, Zr, Hf)の塩基性は，原子番号の増加につれて強くなる。TiO_2は両性酸化物であるが，ZrO_2からHfO_2へと塩基性が増す。

ハロゲン化物MCl_4(M = Ti, Zr, Hf)は，単量体では四面体型の気体分子として存在するが，固体中では金属間をハロゲンが架橋した重合体として存在する。塩化ジルコニウム($ZrCl_4$)は$TiCl_4$と同様に，水と激しく反応してオキシ塩化物($ZrOCl_2$など)を生じる。$ZrCl_4$はルイス酸としての性質をもつ。

酸素欠陥を制御した酸化ジルコニウム(ZrO_2)は酸化物イオン伝導性を示すことから，近年，固体酸化物形燃料電池の固体電解質(7.1節参照)や酸素センサー(図4.1)として活用されている。

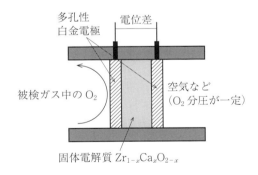

図 4.1 ジルコニアを用いた酸素センサーの模式図

4.1.3 5族元素

表4.3 5族元素の電子配置

元　素	元素記号	電子配置
バナジウム	V	[Ar]3d^{3}4s^2
ニオブ	Nb	[Kr]4d^{4}5s^1
タンタル	Ta	[Xe]4f^{14}5d^{3}6s^2

（a） バナジウム（V）

鉱物と金属単体　おもに褐鉛鉱（Pb$_5$V$_3$O$_{12}$Cl）やカルノー石（K$_2$(UO$_2$)$_2$(V$_2$O$_8$)·3H$_2$O）に含まれている。V金属は，バナジウム鋼として活用され，切削工具およびバネなどに用いられる。また，Tiとの合金は航空機材料に用いられる。

金属化合物　バナジウム化合物中のVの酸化数は+2, +3, +4および+5をとり，低酸化数の化合物は還元剤，高酸化数の化合物は酸化剤となる。

V^{2+}およびV^{3+}は，標準電極電位V^{2+}/V = -1.13 VおよびV^{3+}/V^{2+} = -0.225 Vと低く，水素よりも強い還元剤としてはたらく。

+5価の酸化物である酸化バナジウム（V$_2$O$_5$）は，硫酸の工業的製造においてSO$_2$をSO$_3$に酸化するための触媒として用いられる。V$_2$O$_5$は，メタバナジン酸アンモニウム（NH$_4$VO$_3$）などの熱分解で容易に得られる赤橙色粉末である。

$$2NH_4VO_3 \rightarrow V_2O_5 + 2NH_3 + H_2O$$

V$_2$O$_5$は両性酸化物としての性質を示し，強酸性溶液中ではVO^{3+}など，塩基性溶液中では[VO$_4$]$^{3-}$などのイオンとなって溶解する。この性質はTiO$_2$と同様である。

オルトバナジン酸イオン（[VO$_4$]$^{3-}$）に酸を徐々に加えると，二バナジン酸イオン（[V$_2$O$_7$]$^{4-}$）のようにイオン1個あたり複数のV原子を含んだ陰イオンが生成する（図4.2）。

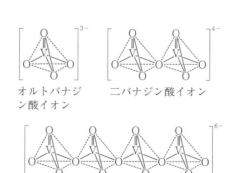

図4.2　種々のオルトバナジン酸イオン

4.1 dブロック元素の特徴と性質

$$[VO_4]^{3-} \xrightarrow{pH\,10} [V_2O_7]^{4-} \xrightarrow{pH\,8} [V_4O_{13}]^{6-} \xrightarrow{pH\,7} [V_5O_{16}]^{7-}$$

VOは塩化ナトリウム型構造をとる。黒色を呈し，金属導体としての性質をもっている。また，VO_2は歪んだルチル型構造をとり，暗青色の化合物である。70℃前後に半導体⇔金属導体の相転移温度があるユニークな性質をもっており，スマートウィンドウなどに活用されている。

（b） ニオブ（Nb），タンタル（Ta）

最高酸化数はどちらも+5である。f軌道が内殻にあるため，Taの金属結合半径およびイオン半径はNbとほぼ同じである。

酸化物の塩基性は族が下にいくほど増加する。V_2O_5は酸性酸化物としての性質が強いのに対し，Nb_2O_5およびTa_2O_5は両性酸化物である。

+5価のNbおよびTaのオキソ酸イオンは，+5価のVと同様にイソポリ酸およびヘテロポリ酸とよばれる化合物群を形成する。イソポリ酸イオンは，$[Nb_6O_{19}]^{8-}$のように1種類の金属と酸素で形成される。この構造は，$[Ta_6O_{19}]^{8-}$，$[Mo_6O_{19}]^{2-}$，$[W_6O_{19}]^{2-}$のように，5族および6族元素で形成されることがよく知られている（図4.3）。

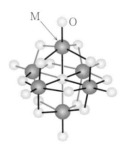

図4.3 $[M_6O_{19}]^{2-}$にみられる構造（M=Mo, W）。大きい丸がM，小さい丸がO。

4.1.4 6族元素

表4.4 6族元素の電子配置

元素	元素記号	電子配置
クロム	Cr	[Ar]$3d^5 4s^1$
モリブデン	Mo	[Kr]$4d^5 5s^1$
タングステン	W	[Xe]$4f^{14} 5d^4 6s^2$

（a） クロム（Cr）

鉱物と金属単体 Crが含まれる主要な鉱物はクロム鉄鉱（$FeCr_2O_4$）である。これと炭素（C）と混合して加熱すると，FeとCrの混合物が得られ，合金の製造に利用される。

$$FeCr_2O_4 + 4C \rightarrow Fe + 2Cr + 4CO$$

また，純粋な Cr を得るには，FeCr$_2$O$_4$ を Na$_2$CO$_3$ とともに酸素気流中で熱処理して得られる Na$_2$CrO$_4$ を酸性条件下で Na$_2$Cr$_2$O$_7$ とし，以下の反応①で得られた Cr$_2$O$_3$ を Al で還元する（反応②）。

$$Na_2Cr_2O_7 + 2C \rightarrow Cr_2O_3 + Na_2CO_3 + CO \quad \cdots ①$$
$$Cr_2O_3 + 2Al \rightarrow 2Cr + Al_2O_3 \quad \cdots ②$$

Cr は黒味を帯びた銀白色で，硬く，融点は高い。また，酸化力の強い硝酸あるいは王水には容易に酸化されて不動態を形成する。Cr を 20% ほど含む鋼は耐食性が高くなり，ステンレス鋼（Cr-Fe 合金または Cr-Fe-Ni 合金）として用いられる。

金属化合物 酸化数 +2, +3, +6 の化合物がよく知られている。このうち，Cr^{3+} が最も安定な酸化状態であり，Cr^{2+} および Cr^{6+} はそれぞれ還元性および酸化性を示す。Cr^{3+} の酸化物である暗緑色の Cr$_2$O$_3$ は，α-Al$_2$O$_3$ と同じコランダム型構造であり，酸や塩基に不溶である。Cr$_2$O$_3$ が α-Al$_2$O$_3$ に微量固溶した鉱物は，深赤色を呈する宝石ルビーとしてよく知られている。Cr^{3+} の水酸化物 Cr(OH)$_3$ は，Cr$_2$O$_3$ と同様に両性である。

クロム酸イオン（[CrO$_4$]$^{2-}$，黄色）は塩基性の溶液中で存在し，強酸性の溶液下では，以下のように2量体の二クロム酸イオン（[Cr$_2$O$_7$]$^{2-}$，橙色）になる（図 4.4）。クロム酸塩や二クロム酸塩は，有機合成などで酸化剤として利用される。このように，金属原子を2個以上もつオキソアニオンの総称を**ポリオキソメタラート**といい，5族および6族元素の最高酸化状態で容易に生成される。

二クロム酸水溶液に濃硫酸を加えると，毒性の橙色固体 CrO$_3$ が生成する。六価クロムはその毒性により使用が制限されている。

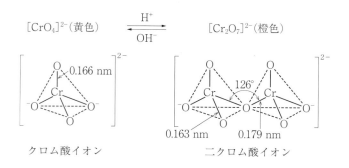

図 4.4 クロム酸イオンと二クロム酸イオン

(b) モリブデン（Mo），タングステン（W）

Mo はおもに輝水鉛鉱（MoS$_2$），W はおもに灰重石（CaWO$_4$）として産出される。これらの鉱物から以下のような工程を経て，金属単体が得られる。

$$2MoS_2 + 7O_2 \rightarrow 2MoO_3 + 4SO_2$$
$$MoO_3 + 3H_2 \rightarrow Mo + 3H_2O$$
$$CaWO_4 + 2HCl \rightarrow WO_3 + CaCl_2 + H_2O$$
$$WO_3 + 3H_2 \rightarrow W + 3H_2O$$

4.1 dブロック元素の特徴と性質

MoとWは，価電子軌道の半分が電子で満たされて金属結合が強いため，硬く，どちらも同周期のなかで最も融点が高い。特にWは，金属のなかで最も融点が高い（図4.5）。

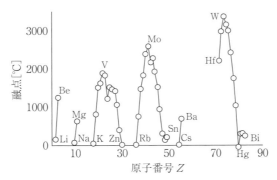

図 4.5　金属の融点と原子番号

MoとWは，それぞれポリモリブデン酸塩およびポリタングステン酸塩を形成する。酸性水溶液のpHの変化に応じて，種々のモリブデン酸イオンが生成する。

（大　←―――――― pH ――――――→　小）

$$[MoO_4]^{2-} \rightarrow [Mo_6O_{19}]^{2-} \rightarrow [Mo_8O_{26}]^{4-} \rightarrow MoO_3 \cdot 2H_2O$$

強塩基性水溶液中において，モリブデン酸イオン（$[MoO_4]^{2-}$）と硫化水素が反応すると，チオメタラート錯体が生成する。

$$[MoO_4]^{2-} + 4H_2S \rightarrow [MoS_4]^{2-} + 4H_2O$$

また，硫化アンモニウムとモリブデン酸イオンが反応すると，二硫化物イオン（S_2^{2-}）を含むスルフィド錯体（$[Mo_2(S_2)_6]^{2-}$）などが生成する（図4.6）。

Moは，鋼の強度を増すための添加剤や発熱体（$MoSi_2$）などに用いられる。また，MoO_3は触媒としても用いられる。Wは金属のなかで最も高い融点と良好な電気特性をもつことから，電極フィラメントとして広く用いられている。また，炭化タングステン（WC）は高硬度であり，各種工具の材料に用いられている。

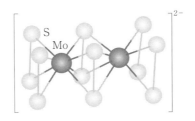

図 4.6　モリブデンスルフィド錯体（$[Mo_2(S_2)_6]^{2-}$）

4.1.5　7族元素

表 4.5　7族元素の電子配置

元　素	元素記号	電子配置
マンガン	Mn	$[Ar]3d^54s^2$
レニウム	Re	$[Xe]4f^{14}5d^56s^2$

(a)　マンガン(Mn)

鉱物と金属単体　鉄(Fe)の次に産出量の多い遷移金属である。おもなマンガン鉱石には軟マンガン鉱(MnO_2)が知られている。単体は銀白色で硬度は高く，融点は鉄より低い。Mn単体は，MnO_2 あるいは Mn_3O_4 を還元して製造される。

$$MnO_2 + 2C \rightarrow Mn + 2CO$$

金属化合物　MnO_2 は塩酸と反応して塩素を発生し，最も安定した酸化状態の Mn^{2+} に還元される。以下の反応は，実験室スケールで塩素を発生させる方法としてよく知られている。

$$MnO_2 + 4HCl \rightarrow MnCl_2 + Cl_2 + 2H_2O$$

Mn^{2+} は，塩基性溶液では容易に酸化されて酸化マンガン(MnO_2)となる。+2価の化合物は一般に薄い桃色を呈し，多くのものは水に溶けても同様に桃色を呈する。

過マンガン酸カリウム($KMnO_4$)は +7価の Mn の代表的な化合物で，深紫赤色を呈している。その水溶液は強い酸化剤として知られている。MnO_4^- の酸性溶液中においては，標準電極電位 $MnO_4^-/Mn^{2+} = +1.51$ V と大きく，この性質を利用する酸化還元滴定はよく知られている。

$$MnO_4^- + 8H^+ + 5e^- \rightarrow Mn^{2+} + 4H_2O$$

また，中性あるいは塩基性溶液中では，以下の反応によって MnO_2 が生成する。この反応は，標準電極電位 $MnO_4^-/MnO_2 = +1.23$ V である。

$$MnO_4^- + 2H_2O + 3e^- \rightarrow MnO_2 + 4OH^-$$

MnO_2 は褐色ガラスの製造や陶磁器の黒色顔料に用いられるほか，マンガン乾電池の正極材料としても利用されている。

(b)　レニウム(Re)

マンガン同様に +7価が安定で，Re 単体を酸素の存在下で加熱すると Re_2O_7 が得られる。Re_2O_7 を水に溶かすと過レニウム酸($HReO_4$)水溶液が得られる。ReO_4^- は，MnO_4^- と同じ四面体型イオンであるが，強い酸化力は示さない。

ReO_3 は立方晶で赤色を呈し，ReO_6 正八面体の酸素を頂点共有した三酸化レニウム型構造を形成している(図4.7)。三酸化レニウム型構造は，灰チタン石型構造(立方晶ペロブスカイト型構造)ABO_3 の A サイトをすべて取り除いた構造と一致する。ReO_3 には 5d 電子が1つあり，結晶格子内で Re–Re 結合が生じて金属導体としての特性を示す。

4.1 dブロック元素の特徴と性質

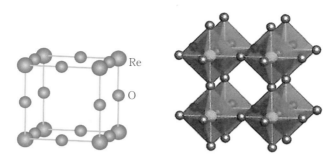

図 4.7 三酸化レニウム ReO_3 型構造[1)]

4.1.6 8 族 元 素

表 4.6 8 族元素の電子配置

元　素	元素記号	電子配置
鉄	Fe	$[Ar]3d^6 4s^2$
ルテニウム	Ru	$[Kr]4d^7 5s^1$
オスミウム	Os	$[Xe]4f^{14} 5d^6 6s^2$

（a） 鉄（Fe）

鉱物と金属単体　　金属元素のなかでは Al の次に多く産出される元素である。Fe を含むおもな鉱物には，赤鉄鉱（Fe_2O_3），磁鉄鉱（Fe_3O_4），および褐鉄鉱（$FeO(OH)$）などがある。これらの鉱物をコークスとともに，溶鉱炉内で高温還元すると金属 Fe（銑鉄）が得られる（図 4.8）。

$$Fe_2O_3 + 3CO \rightarrow 2Fe + 3CO_2$$

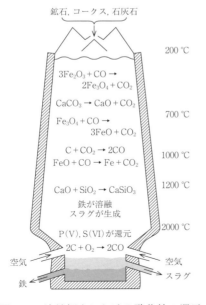

図 4.8 溶鉱炉中における酸化鉄の還元

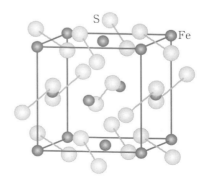

図 4.9 黄鉄鉱（FeS_2）の結晶構造

炭素などを含む銑鉄を転炉で，酸素気流下で燃焼させると鋼になる。鋼は Fe と C の合金(炭素 0.1～2%)で，C 含量が少ないものほどやわらかい。純鉄は光沢のある灰白色で，湿気のある空気中で酸化され，さび(水和酸化鉄 $Fe_2O_3 \cdot nH_2O$)が生じる。Fe は希塩酸には Fe^{2+} となって溶解し，希硝酸には Fe^{3+} となって溶解するが，酸化力の強い濃硝酸や王水などには不動態を形成する。

金属化合物 代表的な酸化物に FeO, Fe_2O_3, Fe_3O_4 がある。FeO(ウスタイト，黒色)は塩化ナトリウム型構造であり，鉄を欠損しやすく，Fe^{2+} の一部が Fe^{3+} になっている金属酸化物である。Fe_2O_3 のうち，コランダム型の α-Fe_2O_3(ヘマタイト，赤茶色)は常磁性を示し，その粉末は赤色顔料(ベンガラ)として用いられる。黄赤色の γ-Fe_2O_3(マグヘマイト)は磁性体としての性質をもち，磁気記録媒体などに応用される。黒色の Fe_3O_4(マグネタイト)は $Fe^{2+}:Fe^{3+}$ が 1:2 の逆スピネル型構造をもち，軟磁性を示す。

鉄の二硫化物である黄鉄鉱(FeS_2)(図 4.9)は，二硫化物イオン(S_2^{2-})が結晶内で Fe^{2+} と結合した構造をとっている。

(b) ルテニウム(Ru)，オスミウム(Os)

Ru と Os は，通常の酸には安定であるが，Os は王水と反応して OsO_4 が生じる。OsO_4 は揮発性(融点 40℃，沸点 100℃)で，かつ毒性が強いが，オスミウム錯体を合成する際の出発物として利用されている。Ru および Os は産出量が少なく，用途は特殊なものに限られるものの，白金(Pt)との合金は硬く耐食性にも優れていることから，ペン先などに使われている。

4.1.7 9 族 元 素

表 4.7 9 族元素の電子配置

元　素	元素記号	電子配置
コバルト	Co	$[Ar]3d^7 4s^2$
ロジウム	Rh	$[Kr]4d^8 5s^1$
イリジウム	Ir	$[Xe]4f^{14} 5d^7 6s^2$

(a) コバルト(Co)

鉱物と金属単体 Co は硬くて青みを帯びた白色を呈している。輝コバルト鉱(CoAsS)やリンネ鉱(Co_3S_4)などとして産出されるが，その量は少なく高価である。Co は希塩酸および希硝酸に溶解して水素を発生し，Co^{2+} を生じる。濃硝酸とは反応せず，不動態を形成する。

化学的性質 +2 価と +3 価の Co を含む化合物は多く知られているが，+2 価の Co の酸化物 CoO と比べて，+3 価の Co の酸化物 Co_2O_3 は不安定で，通常は Co^{2+} と Co^{3+} をもつ四酸化三コバルト(Co_3O_4)になりやすい。標準電極電位 $Co^{3+}/Co^{2+} = +1.92$ V ときわめて大きく，水を酸化する。

$$4Co^{3+} + 2H_2O \rightarrow 4Co^{2+} + O_2 + 4H^+$$

塩化コバルト($CoCl_2$)は，$CoCl_2 \cdot 6H_2O$（赤紫色），$CoCl_2 \cdot 4H_2O$（桃色），$CoCl_2 \cdot 2H_2O$（淡赤紫色），$CoCl_2 \cdot H_2O$（青紫色），$CoCl_2$（青色）のように，水分子の数に応じて色が変化する。シリカゲル乾燥剤は，塩化コバルト水溶液をシリカゲルに含侵させた後に熱処理して得られるSiO_2成分と$CoCl_2$の複合物である。この乾燥剤は水分を吸うと，塩化コバルトの水分子の数が増えて，赤色に変色する。加熱によって脱水すると再利用できる。

コバルトの重要な酸化状態の一つであるCo^{2+}は，たとえば，青色顔料（コバルトブルー）として知られる$CoAl_2O_4$（正スピネル型構造）にみられる。同じく重要なCo^{3+}はリチウムイオン二次電池の正極活物質$LiCoO_2$の主成分となっており（図4.10），近年，ますます重要な元素となっている。

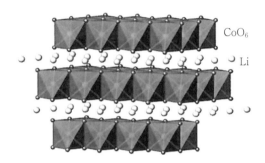

図4.10　$LiCoO_2$の結晶構造[1)]

（b）ロジウム（Rh），イリジウム（Ir）

RhおよびIrは，どちらも硬い金属であり，耐酸性が高い。Co以上に希少である。どちらも高温下の酸素と反応して酸化ロジウム（Rh_2O_3）および酸化イリジウム（Ir_2O_3）を生成する。また，RhおよびIrは，塩素と反応して塩化ロジウム（$RhCl_3$）および塩化イリジウム（$IrCl_3$）を生じる。これら塩化物（III）の水和物は種々の溶媒に可溶であり，錯体およびクラスターの合成に用いられている。また，IrやRhは，自動車の排気ガス浄化触媒などに用いられている。

4.1.8　10族元素

表4.8　10族元素の電子配置

元　素	元素記号	電子配置
ニッケル	Ni	$[Ar]3d^84s^2$
パラジウム	Pd	$[Kr]4d^{10}$
白　金	Pt	$[Xe]4f^{14}5d^96s^1$

（a）ニッケル（Ni）

鉱物と金属単体　Niはニッケル鉱（NiS）や磁硫鉄鉱（硫化鉄）などに含まれている。これらの鉱物から得られるNiOを還元するとNiが生成する。Ni単体は，銀白色で電気伝導性および熱伝導性が高い。防錆力が高く，めっきに利用される。希塩酸あるいは希

硝酸に溶解して水素を発生するが，酸化力の高い濃硝酸や王水には不動態となって溶けない。また，Ni は水素吸蔵合金 LaNi$_5$ の成分としても欠かせない元素である。

Ni は合金の成分に使われることが多く，鉄を主成分とするステンレス鋼では Cr が 18 %，Ni が 8 % 含まれる。食器や工芸品には，洋銀とよばれる Ni を含んだ合金 (Ni : 10〜20 %, Cu : 40〜70 %, Zn : 20〜30 %) が用いられる。発熱体のニクロム線には，Ni が含まれている合金 (Ni : 60〜80 %, Cr : 10〜20 %, Mn : 1〜2 %) が用いられる。

金属化合物 Ni の化合物には，NiO をはじめとして，+2 価のものが多い。オキシ水酸化ニッケル (NiO(OH)) もその一つであり，ニッケル水素二次電池やニッケルカドミウム二次電池の正極材料に用いられている。フッ素 (F) や塩素 (Cl) とは反応して NiF$_2$ や NiCl$_2$ を生成する。酸素存在下において Ni と融解 NaOH を反応させると，+3 価の Ni をもつ化合物 NaNiO$_2$ が得られる。

(b) パラジウム (Pd)，白金 (Pt)

+2 価の錯体は平面四角形型構造をとり，+4 価の錯体は八面体型構造をとる。Pd および Pt は同族の Ni に比べて酸に溶けにくいが，Pd は硝酸と反応して [Pd(NO$_3$)$_2$(OH)$_2$] を生じ，Pt は王水とは反応して H$_2$[PtCl$_6$] を生じる。Pd は水素化および脱水素化反応などに活性を示すため，触媒として活用されることも多い。Pt は指輪などの装飾品として使われているが，触媒としても用いられる。

4.1.9 11 族 元 素

表 4.9 11 族元素の電子配置

元 素	元素記号	電子配置
銅	Cu	[Ar]$3d^{10}4s^1$
銀	Ag	[Kr]$4d^{10}5s^1$
金	Au	[Xe]$4f^{14}5d^{10}6s^1$

(a) 銅 (Cu)

鉱物と金属単体 Cu はおもに黄銅鉱 (CuFeS$_2$) や輝銅鉱 (Cu$_2$S) として産出される。これをケイ石などと混合して酸化・脱硫黄などの工程を経ると粗銅が得られる。

$$2CuFeS_2 + 2SiO_2 + 5O_2 \rightarrow 2Cu + 2FeSiO_3 + 4SO_2$$

粗銅を陽極，精銅を陰極にして電気分解すると陽極から溶出した Cu^{2+} が陰極上に析出して純度の高い銅が製造される。Cu は赤色を帯びた光沢をしており，比較的やわらかく，展性および延性に優れている。金属のなかで Ag の次に熱や電気の伝導性が良い。

金属化合物 乾燥空気中では，Cu 表面が酸化されて黒色の酸化銅 (CuO) の被膜が生じる。また，湿気を含んだ空気中では，Cu 表面に緑青色の塩基性炭酸銅 (CuCO$_3$・Cu(OH)$_2$) が析出する。

Cu は，標準電極電位 Cu^{2+}/Cu = +0.34 V と高いために塩酸には溶けないが，希硝酸や濃硝酸には，以下の反応式に従って溶ける。

希硝酸　$3Cu + 8HNO_3 \rightarrow 3Cu(NO_3)_2 + 2NO + 4H_2O$

濃硝酸　$Cu + 4HNO_3 \rightarrow Cu(NO_3)_2 + 2NO_2 + 2H_2O$

Cu^+ は電子配置 d^{10} の閉殻構造をとり，塩化銅(CuCl)やシアン化銅(CuCN)などの化合物をつくるが，水溶液中の Cu^+ は熱力学的に不安定で，以下のように不均化(6.2.4 項参照)する。

$$2Cu^+ \rightarrow Cu^{2+} + Cu \quad 平衡定数 K = 1.6 \times 10^6$$

一方，Cu^{2+} の電子配置は $[Ar]3d^9$ で1個の不対電子をもち，常磁性である。

Cu を乾燥空気や酸素気流中で加熱すると黒色の CuO が生成し，さらに高温で加熱すると赤褐色の Cu_2O が生成する。CuO は，$Cu(NO_3)_2$ や $Cu(OH)_2$ などの Cu^{2+} からなる金属塩を熱分解すると容易に得られる。CuO は強い酸化力をもち，元素分析における有機物の酸化触媒として用いられる。

(b) 銀(Ag)，金(Au)

Ag と Au はおもに単体として，石英岩あるいは銅，亜鉛の鉱石中に産出される。Au は黄色光沢，Ag は白色光沢があって，やわらかく細工しやすいので，食器や装飾品として古くから利用されている。これらは，高い電気伝導性と熱伝導性をもっている。

アルカリ金属と同様に最外殻軌道の s 軌道に電子が1つ充填されているが，内殻の d 電子の遮蔽効果が弱く，有効核電荷が強く作用するため，アルカリ金属と比べてイオン化エネルギーはかなり大きい。そのため化学反応性に乏しいが，Ag は濃硫酸や濃硝酸に溶け，Au は王水には溶ける。

$$Au + 3HNO_3 + 4HCl \rightarrow H[AuCl_4] + 3NO_2 + 3H_2O$$

$AgNO_3$ は水に可溶性であるが，ハロゲン化銀(AgX，X：ハロゲン)は水に難溶で，AgI の溶解度積が最も小さい。Ag^+ 水溶液を十分な塩基性にすると，暗赤色の酸化銀 Ag_2O が生じる。+1 価の Ag は $4d^{10}$ の電子配置をもつため，その化合物は反磁性である。

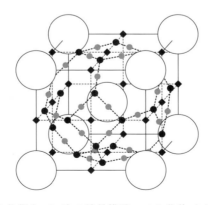

図 4.11 α 型ヨウ化銀(α-AgI)の結晶構造。ヨウ化物イオン(I^-)が体心立方格子(○)を形成し，銀イオン(Ag^+)がその他の小さい点を部分的に占有する。

ハロゲン化銀のうち AgCl および AgBr はどちらも塩化ナトリウム型構造をとり，AgI は閃亜鉛鉱型とウルツ鉱型をとる。AgCl および AgBr には，光があたると結晶中の Ag^+ が Ag に還元される性質があり，写真フィルムに応用されてきた。α型 AgI は Ag^+ イオン伝導体としてのユニークな性質をもっており，ヨウ化物イオン I^- が形成する体心立方格子中を Ag^+ が高速で移動する(図 4.11)。

4.1.10　12 族 元 素

表 4.10　12 族元素の電子配置

元　素	元素記号	電子配置
亜鉛	Zn	$[Ar]3d^{10}4s^2$
カドミウム	Cd	$[Kr]4d^{10}5s^2$
水銀	Hg	$[Xe]4f^{14}5d^{10}6s^2$

（a）　亜鉛(Zn)

鉱物と金属単体　Zn は閃亜鉛鉱(ZnS)として産出される。ZnS を酸化して得られた ZnO を還元する方法や，ZnO を酸に溶解してから電解還元する方法で Zn が製造される。

$$2ZnS + 3O_2 \rightarrow 2ZnO + 2SO_2$$
$$2ZnO + C \rightarrow 2Zn + CO_2$$

Zn は青白色の金属であるが，空気中では表面が酸化されて光沢を失う。標準電極電位 $Zn^{2+}/Zn = -0.763\,V$ と低いことから，塩酸とも容易に反応して水素を発生し，Zn^{2+} が生じる。この電位は，標準電極電位 $Fe^{2+}/Fe = -0.44\,V$ よりも低いため，これを利用して，Zn を鋼板(鉄)にめっき処理したトタン板(亜鉛めっき鋼板)では，Fe の酸化が抑制される。Zn^{2+} は $3d^{10}$ 閉殻構造をもつため，その化合物は無色で反磁性である。

最外殻の s 軌道に 2 つの電子をもつ Zn の第一および第二イオン化エネルギーは，同じく最外殻 s 軌道に 2 つの電子をもつアルカリ土類金属と比べて著しく大きい。これは，3d 軌道の遮蔽効果が弱く，有効核電荷が最外殻電子に強く作用するためである。Zn の 3d と 4s 軌道は完全に満たされて金属結合が弱い。そのため，やわらかく，融点はとても低い。

金属化合物　Zn^{2+} を含む水溶液に NH_3 水を加えると水酸化亜鉛($Zn(OH)_2$)が沈殿するが，$Zn(OH)_2$ が生成した溶液にさらに NH_3 水を加え続けると，テトラアンミン錯体($[Zn(NH_3)_4]^{2+}$)が生成する。ZnO は両性酸化物で，$Zn(OH)_2$ をはじめとした種々の金属塩を熱分解することで容易に得られる。

ZnO は白色顔料や化粧品などのほか，カラーテレビのスクリーン蛍光剤などに用いられる。

（b）　カドミウム(Cd)，水銀(Hg)

Cd と Hg の産出量は Zn に比べて少ない。+2 価の Cd は亜鉛鉱中に微量存在するため，これを酸に溶かして Zn 粉末を加えると，以下の酸化還元反応が生じて Cd が析出

する。

$$Zn + Cd^{2+} \rightarrow Zn^{2+} + Cd$$

この反応が起こるのは，標準電極電位 $Cd^{2+}/Cd = -0.40$ V が $Zn^{2+}/Zn = -0.76$ V よりも高いためである。

Hg は融点 -38.8 ℃で，単体金属において常温で唯一の液体である。Hg は高い蒸気圧をもち，揮発性が高い。気体状 Hg は強い毒性を示す。Hg は酸化力のある酸と反応するが，Cd や Zn は塩酸とも反応する。

Cd の硫化物である CdS は黄色を呈している。Cd は $[Kr]4d^{10}$ の電子配置であるため，この着色は，d-d 遷移ではなく，電荷移動遷移による(4.2.3項参照)。S を Se に置換した CdSe は電荷移動遷移の吸収波長が変化し，橙色を呈する。硫化水銀(HgS)は赤色を呈する顔料として用いられてきたが，Hg の使用に制限がある。現在は，これに代わる赤色顔料の開発が進められている。

CdI_2 型構造は，硫化物イオン層，金属層，硫化物イオン層からなる層状構造を形成している。多くの遷移金属の二硫化物にみられる構造である(図 4.12)。

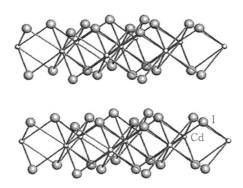

図 4.12 ヨウ化カドミウム CdI_2 型構造[1]

Cd や Hg は金属-炭素結合を形成しやすく，毒性の強い有機カドミウムおよび有機水銀が生成する。Hg は温度計や水銀灯などに用いられてきたが，現在はほとんど用いられていない。Hg は多くの金属と合金(アマルガム)を形成する。また，Cd はニッケルカドミウム電池の負極材料に用いられている。

4.2 配位化合物

4.2.1 配位化合物と金属錯体

中心となる原子またはイオンに，いくつかのイオンや分子が配位結合によって結合してできた化合物を配位化合物という。そのなかでも，中心となる原子やイオンが金属元素の原子またはイオンである化合物は，**金属錯体**ともよばれる。この金属元素には遷移元素のみならず典型元素も含まれる。

配位化合物(金属錯体)において，中心原子(またはイオン)に結合する原子や原子団は

配位子とよばれる。配位子には，イオン性のもの(単原子イオンや多原子イオン)や，電荷をもたない中性の分子がある。

金属錯体のなかには，顔料(着色に用いる粉末で水や油に不溶のもの)や，化学反応の促進のための触媒，医薬品などとして用いられるものがある。また，生体内に存在している金属イオンのなかには，たんぱく質を構成しているアミノ酸や補欠分子族とよばれる有機化合物(ヘムなど)と結合した金属錯体として存在し，さまざまな生理的機能を担っているものがある。

(a) 配位結合とルイス酸・塩基

金属錯体における金属と配位子の間の結合は，配位結合によるものである。この結合はルイス酸である金属に対して，ルイス塩基である配位子が電子対を**供与**(donation)することにより形成されるものと解釈される(図 4.13)。配位子から供与される電子対とは，配位子中のある原子上の非共有電子対(lone pair)である。これが結合しようとする金属に対して「差し出された(＝供与された)」結果，金属とそれに結合している原子の間には電子対が配置される。

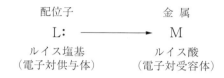

図 4.13 配位結合の概念

ある物質が酸であるか塩基であるかということについての定義はいくつかあるが，広く一般に用いられているものはルイスの定義を含む以下の3つである。
- アレニウスの定義： 水溶液中で H^+ を生じる物質が酸，OH^- を生じる物質が塩基
- ブレンステッド-ローリーの定義： H^+ を与える物質が酸，H^+ を受け取る物質が塩基
- ルイスの定義： 電子対を受け入れる物質が酸，電子対を与える物質が塩基

このように，ルイスの定義は H^+ の有無や溶媒の種類によらないものであり，最も一般化された概念であるといえる(6.1節で詳しく解説されているのでそちらもあわせて参照されたい)。しかし，ルイスの定義には電子がかかわっていることから，酸化-還元との違いを正しく理解する必要がある。

次の式に示す金属錯体の生成-分解についての平衡反応は，ルイスの定義による酸-塩基反応(酸：Co^{3+}，塩基：NH_3)として理解できる。

$$Co^{3+} + 6NH_3 \rightleftarrows [Co(NH_3)_6]^{3+}$$

この反応では，反応系中に存在する Co も含めすべての原子の酸化数に変化はなく，酸化還元反応ではない。

配位結合が形成された状態では，ルイス塩基である配位子から供与された電子対が金属原子との間で共有されることとなる。このため，配位結合は共有結合の一種とみなされる。しかし，非金属元素の原子どうしからなる共有結合とは異なり，金属元素の原子

と非金属元素の原子の結合では原子間の電気陰性度の差が大きいことから,イオン結合の寄与が大きいことがわかる.

金属錯体はルイス酸である金属にルイス塩基である配位子が結合したものであるが,この概念を拡張すると,錯体の形成しやすさは,定性的には酸・塩基のかたさとやわらかさという概念に基づいた **HSAB**(hard and soft acids and bases)**則**に従うと考えられる.これはかたい酸はかたい塩基に対して,やわらかい酸はやわらかい塩基に対して親和性が高く,強固に結合するというものである.なお,かたい酸・塩基とはサイズが小さく分極しにくいもの,やわらかい酸・塩基とは大きくて分極しやすいものをさす.(なお HSAB 則については 6.1.2 項で詳細に解説されており,各金属イオンや配位子となるルイス塩基についての硬軟の分類も掲載されているので,そちらを参照されたい.)

(b) 配位子の種類

金属錯体における配位子には次のようなものがある.

陰イオン性配位子:

F^-, Cl^-, Br^-, I^-, N_3^-(アジ化物イオン),SCN^-(チオシアン酸イオン(S が金属に配位),イソチオシアン酸イオン(N が金属に配位)),CN^-, H^-, OH^-, $RCOO^-$(カルボン酸イオン),O^{2-}, S^{2-}, O_2^{2-}(ペルオキシドイオン),CO_3^{2-}(炭酸イオン),CH_3^-(メチルイオン),$C_5H_5^-$(シクロペンタジエニルイオン)など

中性配位子:

H_2O, NH_3, C_6H_5N(ピリジン:略号 py),N_2, H_2, CO, C_2H_4, C_6H_6 など

陽イオン性配位子(ごく例外的):NO^+

非共有電子対をもつ窒素,酸素,リン,硫黄などのヘテロ原子を含む無機・有機化合物分子・イオンやハロゲン化物イオンが配位子となる.

また,アルキルイオンやカルベン(2 配位炭素)など,非共有電子対をもつ炭素種も金属に対して配位できる.さらに,アルケンや芳香環(シクロペンタジエニル基やベンゼン)などにおける炭素-炭素間の多重結合に寄与する電子対(π 電子)が,ルイス塩基の供与電子として機能して金属との結合形成に用いられる場合もある.このように炭素種が金属に配位した錯体は**有機金属錯体**(organometallic complex)とよばれ,金属-炭素結合を含まない金属錯体である**ウェルナー**(Werner)**型錯体**とは区別されている.

1 つの分子内に 2 つ以上の非共有電子対をもつ配位原子が存在する多座配位子のうち,複数の配位原子が同時に 1 つの金属中心に配位して環状構造を形成するものを**キレート**(chelate)**配位子**とよぶ.図 4.14 に代表的なキレート配位子の分子構造を示す.キレート配位子が金属に配位して錯体を形成すると,エントロピーの増大にともなう熱力学的安定化効果が得られることが知られており,これを**キレート効果**とよぶ.また,触媒として用いられる金属錯体でさまざまなキレート配位子が活用されている.これは,キレート配位子が触媒活性点である金属中心の構造や電子的な性質の制御に威力を発揮するためである.また,光学活性な配位子(例:BINAP)もあり,これらは医薬品や香料などの合成反応(不斉合成反応)の触媒として機能する金属錯体に用いられる.

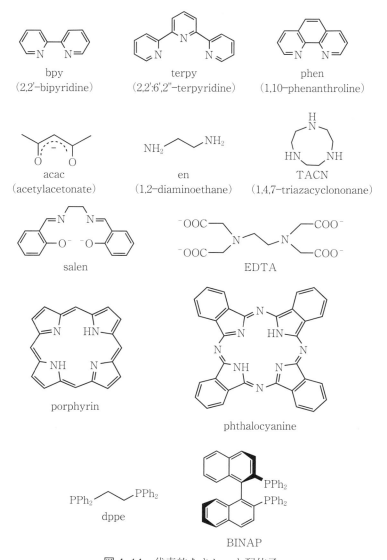

図 4.14 代表的なキレート配位子

(c) 金属錯体の化学式と名称の表記法・命名法

金属錯体の化学式の英語での名称の表記法・命名法は IUPAC(国際純正・応用化学連合)が定める方法に従う[2]。

化学式表記法の規則の要点は以下のとおりである。

① 錯体分子は [ ] で囲む。電荷の有無にはよらない。
② 配位子が多原子分子や略号のときには ( ) 内に書く。
③ 金属の酸化数を書く場合は元素記号の右肩にローマ数字で表記。
④ イオン性錯体で,対イオンなしで錯体分子のみを書く場合は [ ] の右肩にアラビア数字で電荷を書く。

⑤ 式の中での順序には以下のようなルールに従う。
   1) 全体を通じて：カチオン(陽イオン) → アニオン(陰イオン) → 中性
      例1) ○ [Co(NH$_3$)$_6$]Cl$_3$　　× Cl$_3$[Co(NH$_3$)$_6$]
      例2) ○ K$_2$[PdCl$_4$]　　× [PdCl$_4$]K$_2$
   2) 錯体分子内：中心原子(金属) → アニオン性配位子 → 中性配位子
      例) Pt(II)にCl$^-$が2個とpy(ピリジン)およびNH$_3$が1個ずつ配位した錯体：[Pt^{II}Cl$_2$(NH$_3$)(py)] (Pt^{II} → Cl$^-$ → NH$_3$, py)
   3) 同種の配位子：式の最初の原子のアルファベット順
      例) Pt(II)にCl$^-$, Br$^-$, NO$_2^-$およびNH$_3$が1個ずつ配位した錯体：
      [Pt^{II}BrCl(NO$_2$)(NH$_3$)]$^-$ (Br$^-$ → Cl$^-$ → NO$_2^-$)
   4) 有機配位子：C → H → ヘテロ元素(N, O, Sなど：アルファベット順)
   5) 有機配位子における構成元素の種類が同じときは原子数の少ないほうが優先

名称に関しては，IUPACの定める英語名と，日本化学会 命名法専門委員会が定める和名では，語順が異なる点があることに注意する必要がある。

① 錯体分子([ ]で囲まれた部分)：配位子名(アルファベット順) → 中心原子(ただし構造や配位子の数を表す接頭語，数詞は除外)
② 中心原子の酸化数：元素名の後にローマ数字で記す。
③ アニオン性配位子：語尾が -o(お)音で終わる。
   例) Cl$^-$：クロリドまたはクロロ(chloride or chloro),
   　Br$^-$：ブロミドまたはブロモ(bromide or bromo),
   　I$^-$：ヨージド(iodido),
   　OH$^-$：ヒドロキシドまたはヒドロキソ(hydroxido or hydroxo)
④ 中性配位子：化合物名のまま。ただし，H$_2$Oはアクア(aqua), NH$_3$はアンミン(ammine), COはカルボニル(carbonyl)
⑤ 配位子の数：di(2：ジ), tri(3：トリ), tetra(4：テトラ)
⑥ 配位子名が複雑なとき：配位子名を( )で囲み，その前にbis(2：ビス), tris(3：トリス), tetrakis(4：テトラキス)
⑦ イオン性錯体：英名と和名とで順序が異なるので注意
   英名：カチオン → アニオン → 結晶溶媒(あれば)
   　　　(錯体分子と対カチオンの区別なし)
   和名：錯体分子 → 対イオン → 結晶溶媒(あれば)
⑧ アニオン性錯体：語尾は -ate(英名)もしくは -酸(和名)
   例1) 化学式：K$_2$[Pt^{IV}Cl$_6$]
        英名：potassium hexachloridoplatinate(IV)
        和名：ヘキサクロリド白金(IV)酸カリウム
   例2) 化学式：Na$_2$[Fe(CN)$_4$(en)]·3H$_2$O
        英名：sodium tetracyanido(ethane-1, 2-diamine)ferrate(II)trihydrate
        和名：テトラシアニド(エタン-1, 2-ジアミン)鉄(II)酸ナトリウム三水和物

注意）アニオン性錯体に関する英名において，中心金属が以下にあげた元素である場合，その金属元素自体の英語名称(（ ）内)ではなく，金属の元素記号の語源に由来した名称が用いられる。

Fe(iron): ferrate,　Pb(lead): plumbate,　Ag(silver): argenate,
Sn(tin): stannate,　Sb(antimony): stibate,　Au(gold): aurate

例3）化学式：[Os^{III}Cl$_2$(bpy)$_2$]Cl
英名：bis(2, 2'-bipyridine-N, N')dichloridoosmium(III)chloride
和名：ビス(2, 2'-ビピリジン-N, N')ジクロリドオスミウム(III)塩化物

⑨ 2つの金属イオンの間を架橋している配位子には，接頭語 μ-(「ミュー」)を付記する。

化学式：[{Co(NH$_3$)$_4$}$_2$(μ-NH$_2$)(μ-OH)]$^{4+}$
英名：μ-amido-μ-hydroxidobis(tetraamminecobalt(III))

⑩ 配位子が多原子分子やそのイオン種(N$_2$, N$_3^-$, O$_2^{2-}$ など)やシクロペンタジエニル基のような不飽和分子(あるいは不飽和原子団)の場合，金属に結合している配位座の数 n を表すために，これらの配位子名の前に "η^n-(η は「ハプト」または「イータ」と発音)" を付記する。

(d) 金属錯体の構造

金属錯体では，多様な構造がみられる。これは有機化合物とは異なってd軌道も結合形成に関与しうるためである。図4.15に中心金属のとりうる幾何学的な構造の代表例を示す。

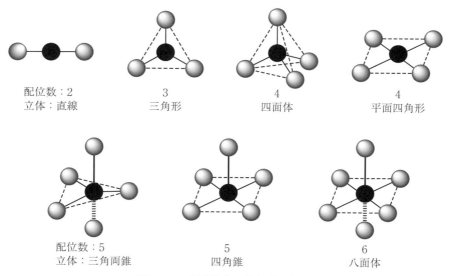

図4.15 金属錯体の幾何学的構造

4.2 配位化合物

中心金属に結合している配位原子の数を**配位数**(coordination number)とよぶ。配位数が同じであっても、幾何構造が異なるもの(4配位錯体における四面体型と平面四角形型、5配位錯体における四角錐(正方錐)型と三角両錐型など)も存在する。

金属錯体には、組成が同じでも配位子の立体的な配置が異なる幾何異性体が存在するものがある。たとえば、白金(II)イオンに塩化物イオンとアンミン配位子(アンモニア分子)が2個ずつ配位した4配位平面四角形型錯体 $[Pt^{II}Cl_2(NH_3)_2]$ においては、同一配位子が中心金属をはさんで隣接している**シス**(*cis*)**体**と、中心金属をはさんで向かい合わせに位置する**トランス**(*trans*)**体**が存在する。また図4.16に示すように、6配位八面体型錯体などでも、同様な考えに基づいて分子中のある2か所を占める配位子の位置関係に注目すると、シス-トランス異性体が存在しうることがわかる。金属錯体の化学式や名称の表記に際して、このような幾何異性体を区別する必要がある場合には、化学式や名称の前に *cis-* あるいは *trans-* と付記する。

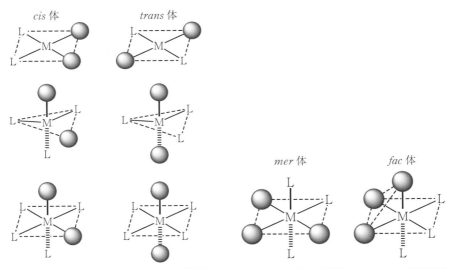

図 4.16 幾何異性体(*cis* & *trans* 異性体) 　　図 4.17 幾何異性体(*mer* & *fac* 異性体)

また、6配位八面体型錯体などにおいて、分子中の3か所を占める配位原子の位置関係に注目すると、図4.17に示すように、3つの配位原子が金属を中心とする同一円周上に配置されている**メリディオナル体**(meridional:「子午線の」という意味)と、3つの配位原子から構成される三角形平面が金属を覆うように位置している**フェイシャル体**(facial:「面の」という意味)とよばれる2種類の幾何異性体が存在しうることがわかる。これらは通常それぞれ *mer* 体および *fac* 体と表記され、幾何異性体を区別して化学式や名称を表記する際には、それぞれの前に *mer-* あるいは *fac-* と付記する。

なお、上に例としてあげた白金錯体 $[Pt^{II}Cl_2(NH_3)_2]$ の2つの異性体のうち、シス体(通称シスプラチン)は抗がん剤として機能するのに対し、トランス体は薬効を示さない。この例からわかるように、幾何異性体は単に分子構造が異なるだけでなく、化学的な性質も大きく異なる場合がある。

このほか，**配座異性体**とよばれる異性体が存在する場合がある。この異性体は，分子内に2種類以上の配位可能な原子を含む配位子をもつ金属錯体において，同じ組成の錯体であっても金属と結合している原子が異なるものをさす。このような異性体を与える配位子としては，S原子，N原子のいずれもが金属に結合できるチオシアン酸イオン（N≡C-S$^-$）とその互変異性体であるイソチオシアン酸イオン（S=C=N$^-$）や，N原子で金属に結合した N-ニトリト錯体（ニトロ錯体ともよばれる）と，O原子で金属に結合した O-ニトリト錯体の両方が知られている亜硝酸イオン（NO_2^-）などがある。

4.2.2 金属錯体の電子配置と性質

金属錯体は，中心金属が同一の元素であっても，結合している配位子の種類や錯体の分子構造に応じて，色や磁性といった物性や，反応性，触媒特性などが異なる。このような金属錯体の性質を理解するためには，金属錯体における中心金属の電子配置を理解する必要がある。

（a） 結晶場理論

金属錯体を形成していないとき，金属原子またはイオンの5種類のd軌道のエネルギー準位はすべて等しく，5重に縮退している。しかし金属に配位子が結合すると，d軌道の縮退が解かれ，形成された金属錯体の分子構造に応じて各々のd軌道のエネルギー準位が変化する。このような金属錯体の形成にともなうd軌道のエネルギー準位の変化は，**結晶場理論**（crystal field theory）によって説明される。ルイス塩基である配位子は，負の点電荷とみなせる。ここで金属のd軌道に電子が存在している状態を仮定すると，価電子であるd軌道電子は，接近してきた配位子点電荷と静電的に反発して高エネルギー状態となる。すなわち，配位子点電荷と接近するd軌道電子の存在しているd軌道のエネルギー準位は上昇する。ここで錯体形成の前後ではd軌道電子のもつエネルギーの総和は変わらないと考えられることから，配位子点電荷から離れて位置するd軌道電子の存在しているd軌道のエネルギー準位は，相対的に低下する。すなわち，d軌道のエネルギー準位は，5つがすべて等しく縮退していた状態から分裂することになる。このような中心金属と配位子の関係は，金属錯体分子のみならず，金属酸化物などの金属イオンと他のイオンからなる結晶状態においても成立している。結晶において金属イオンは，その周囲に規則的に配置しているイオンの点電荷により形成される静電"場（field）"，すなわち結晶場に置かれており，その結果，上に述べたようにd軌道の分裂が起こる。これが結晶場理論の基本的な考え方である。そしてd軌道の状態変化，すなわち結晶場分裂は図4.18に示すように，配位子の幾何学的な配置によって異なっている。

6配位八面体型金属錯体を例にとって，d軌道の分裂の様子について具体的に説明する。この錯体は，3次元直交座標の原点(0,0,0)に存在する金属に対して，x, y, zの軸上に2つずつ配位子点電荷が存在している状態とみなせる。このような配置では，中心金属の5つのd軌道のうち，d_{z^2}軌道と$d_{x^2-y^2}$軌道はx, y, zの軸上に拡がっている電子雲が点電荷と重なるために，エネルギー準位が上昇する。このときd_{z^2}軌道と$d_{x^2-y^2}$軌

4.2 配位化合物

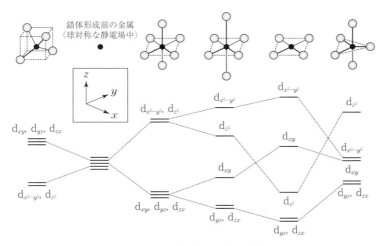

図4.18 d軌道の結晶場分裂

道は縮退し，またこれらの軌道の対称性に基づいて，2つの軌道を合わせて e_g 軌道と表現する．また，残りの d_{xy}, d_{yz}, d_{zx} 軌道の電子雲は6個の点電荷から離れた位置に拡がっているが，これら3つのd軌道のエネルギー準位は，d_{z^2} 軌道と $d_{x^2-y^2}$ 軌道のエネルギー準位の上昇分と相殺するように低下する．このとき d_{xy}, d_{yz}, d_{zx} 軌道は縮退しており，その対称性に基づき3つの軌道を合わせて t_{2g} 軌道と表現する．e_g 軌道と t_{2g} 軌道のエネルギー準位の差を Δ_O とすると，e_g 軌道のエネルギー準位は，錯体形成前の金属イオンのd軌道のエネルギー準位より $(3/5)\Delta_O$ だけ上昇するのに対し，t_{2g} 軌道のエネルギー準位は $(2/5)\Delta_O$ だけ下降する（図4.19右）．

4配位四面体型金属錯体の場合，図4.18に示すように配位子の点電荷は xz 平面および yz 平面に位置している．そのためこれらの電荷と距離が近く，静電反発を強く受けてエネルギー準位が上昇するのは d_{xy}, d_{yz}, d_{zx} 軌道からなる t_2 軌道である．そしてe軌道とよばれる，縮退した d_{z^2} および $d_{x^2-y^2}$ 軌道は，相対的にエネルギー準位が下降する．このときの t_2 軌道とe軌道のエネルギー準位の差を Δ_T とすると，錯体形成前のd軌道のエネルギー準位に比べて t_2 軌道のエネルギー準位は $(2/5)\Delta_T$ だけ高く，e軌道のそれは $(3/5)\Delta_T$ だけ低い（図4.19左）．なお，Δ_T は Δ_O のおよそ $4/9$ であるが，これは四面

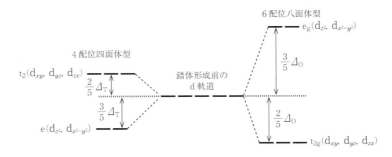

図4.19 d軌道の分裂の様子

体型錯体では反発をもたらす電荷の数(＝配位子の数)が少ないことと，これらの点電荷が d_{xy}, d_{yz}, d_{zx} 軌道の電子雲とは完全に重なり合ってはいないために静電反発の度合いが低いためである。

　d 軌道が e_g 軌道と t_{2g} 軌道に分裂した 6 配位八面体型錯体において，e_g 軌道と t_{2g} 軌道のエネルギー準位の差(Δ_O)の大小は，結晶場の"強弱"として表される。強い結晶場とは Δ_O が大きい状態をさし，弱い結晶場とは逆に Δ_O が小さい状態をさす。結晶場の強弱，すなわち Δ_O の大小は中心金属の種類やその酸化数，配位子の種類により変化する。Δ_O は配位子の電荷と金属と配位子の結合距離の逆数に依存する D という項と，中心金属の d 軌道の半径のサイズに依存する q という項からなり，

$$\Delta_O = 10Dq$$

の関係がある。したがって，ルイス酸性が高い高原子価金属イオンが中心金属である場合，金属と配位子の結合は短くなるため，その逆数に依存する D の項は大きな値となって強い結晶場の状態となる。また，周期表で第 4 周期に位置する 3d 遷移金属よりも第 5 周期や第 6 周期に位置する遷移元素のほうが，d 軌道の半径が大きいことから q の項は大きな値となってやはり強い結晶場の状態となる。

(b) d 軌道の分裂と配位子場理論

　配位子の種類と結晶場の強弱の関係については，結晶場理論からは単純に説明することはできない。しかし，配位子の種類と"場"の強弱の相関は，**分光化学系列**といわれるもので実験的に明らかにされている。この系列は，6 配位八面体型コバルト(III)錯体 $[CoL(NH_3)_5]^{n+}$ および $[CoL_2(NH_3)_4]^{n+}$ における配位子 L とその錯体水溶液の紫外–可視光の吸収極大波長の関係を表すものである。以下の L についての序列において，上位の L ほど吸収極大波長が短く，Δ_O が大きい。

　　$CN^- > NO_2^-$ (N で配位) $> bpy \sim phen > en > NH_3 > NCS^-$ (S で配位) $> H_2O \sim$
　　$C_2O_4^{2-} > ONO^-$ (O で配位) $\sim SO_4^{2-} > OH^- \sim CO_3^{2-} > F^- > N_3^- > Cl^- \sim SCN^-$
　　(N で配位) $> Br^- > I^-$

この序列は，中心金属の周囲に配位子が配置されることにより形成される"場"，すなわち配位子場の強弱に対応していることが，後に確立された配位子場理論によって説明された。

　配位子場理論では，金属と配位子の結合を分子軌道の概念に基づき解釈することで，配位子の違いが d 軌道の分裂にもたらす影響についての詳細な理解が可能になる。中心金属の d 軌道と配位子の結合には，図 4.20 に示すように軌道間の相互作用の様式(対称性)に基づき，σ 結合と π 結合がある。

　定性的な理解のために，金属の d 軌道と配位子の軌道の相互作用により形成される(部分的な)分子軌道を考えてみる。σ 結合を形成する場合，配位子由来の軌道のほうが金属の d 軌道よりもエネルギー準位が低い。そのため，形成された分子軌道における結合性軌道は配位子の軌道の性質を強く帯び，反結合性軌道が金属の d 軌道の性質を帯びていると解釈できる。そして配位子の軌道に存在していた電子対がそのまま結合性軌道を占有すると考えても差し支えなく，これは「ルイス塩基である配位子がルイス酸

4.2 配位化合物   99

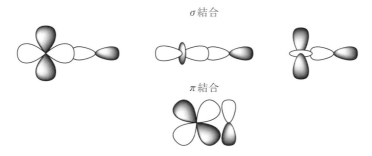

図 4.20　金属-配位子間の結合にかかわる軌道間の相互作用

である金属に対して電子対を供与する」という配位結合の概念に合致している。

σ結合に加えて形成される π 結合については，相互作用する配位子の軌道の電子占有状態によって2通りがある(図4.21)。

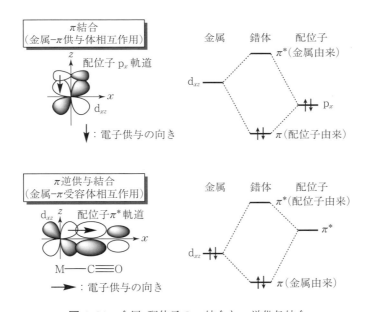

図 4.21　金属-配位子の π 結合と π 逆供与結合

　ハロゲン化物イオンや酸化物イオンのように，σ結合の形成に寄与する電子対のほかにも非共有電子対をもつ配位子では，相互作用する配位子の軌道のほうが金属のd軌道よりもエネルギー準位が低く，かつ電子対が充填されている。このため，形成されるπ結合においては配位子から金属に電子が供与される形となり，結合性軌道は配位子の軌道，反結合性軌道は金属のd軌道の性質を強く帯びる。
　これに対し，シアン化物イオン(CN^-)や一酸化炭素(CO)の π* 軌道が金属のd軌道と相互作用する場合のように，配位子の軌道のほうが d 軌道よりもエネルギー準位が

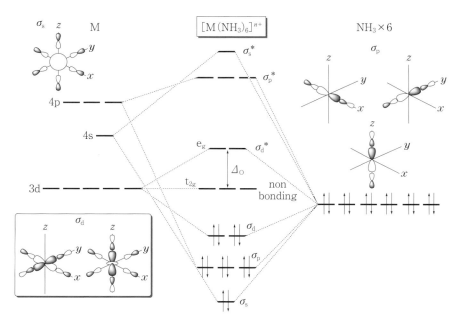

図 4.22 $[M^n(NH_3)_6]^{n+}$ の分子軌道の一部についてのエネルギー準位図。金属由来の電子は図中の t_{2g} および e_g に配置される。

高く，かつ電子が充填されていない空の軌道であるときには，金属のd軌道に充填されていた電子が相互作用した配位子の軌道に供与される，いわゆる**π逆供与結合**が形成されることとなる。この場合，分子軌道における反結合性軌道は電子供与を受ける配位子由来の軌道の性質を帯び，結合性軌道が金属のd軌道の性質を帯びる。

　これら金属-配位子間の結合状態（σ結合，π結合，π逆供与結合）は，錯体分子における金属のd軌道の分裂に反映される。たとえば，アンミン配位子のみからなる6配位八面体型錯体 $[M^n(NH_3)_6]^{n+}$ のように，金属と配位子の間にσ結合のみしか形成されないときには，金属のd, s, p 軌道と配位子の軌道の相互作用を考えると，その分子軌道の一部についてのエネルギー準位図は図4.22のようになる。配位子とのσ結合には関与しない t_{2g} 軌道（d_{xy}, d_{yz}, d_{zx} 軌道）のエネルギー準位は，錯体形成前の5重に縮退していたd軌道のエネルギー準位と同じであるのに対し，e_g 軌道（$d_{z^2}, d_{x^2-y^2}$ 軌道）はσ相互作用における反結合性軌道となってエネルギー準位が上昇したとみなせる。すなわち，d軌道の分裂パターンは結晶場理論により説明されるものと同様である。

　また，ハロゲン化物イオン（X^-）が配位子である $[M^n X_6]^{(6-n)-}$ では，金属と X^- の間にはσ結合に加えてπ結合の寄与もある。ここでπ結合に関与する金属の軌道は t_{2g} 軌道であり，分子軌道における反結合性軌道となってそのエネルギー準位が上昇する。その結果，e_g 軌道と t_{2g} 軌道のエネルギー準位差は $[M^n(NH_3)_6]^{n+}$ における Δ_O（図4.23中央）よりも減少し，これは配位子場が弱まった状態にあると解釈できる（図4.23右）。このような弱い配位子場を与える配位子は**π供与性配位子**とよばれる。

　一方，カルボニル配位子 CO が配位子である $[M^n(CO)_6]^{n+}$ では，金属の t_{2g} 軌道とCO配位子の π^* 軌道が相互作用してπ逆供与結合が形成される。その結果，分子軌道

4.2 配位化合物

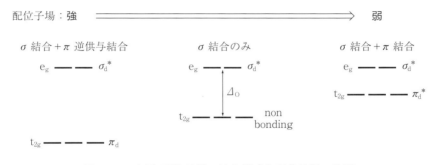

図 4.23　金属-配位子間の結合様式と配位子場の強弱

における結合性軌道にあたる t_{2g} 軌道のエネルギー準位が低下して，σ結合における反結合性軌道となっている e_g 軌道とのエネルギー準位差は $[M^n(NH_3)_6]^{n+}$ における Δ_O よりも増加する（図 4.23 左）．これは配位子場が強い状態であり，このような状況（強い配位子場）を与える配位子は **π受容性配位子**とよばれる．先に示した分光化学系列は，配位子場の強弱により説明できる．

4.2.3　金属錯体におけるd軌道への電子配置と物性

原子における軌道への電子の配置は，構成原理（エネルギー準位の低い軌道から電子が充填される）に基づき，さらにはパウリの排他原理，フントの規則に従う．しかし錯体形成にともなう d 軌道の分裂の結果，特異な電子配置をとる場合があり，それが金属錯体の安定性や構造，物性に影響を及ぼしていることが知られている．

（a）スピン状態（高スピンと低スピン）

結晶場・配位子場が弱いと，d 軌道の分裂による軌道間のエネルギー準位の差（軌道分裂エネルギー）は，スピン対形成エネルギー（電子が 1 個存在している軌道に対し，スピン磁気量子数の異なる電子（スピンが反平行な電子）を配置するために必要なエネルギー）を下回ることがある．たとえば，d 軌道が e_g 軌道と t_{2g} 軌道に分裂している 6 配位八面体型金属錯体において，d 軌道に 4〜7 個の電子が配置される場合，d 軌道の分裂エネルギーがスピン対形成エネルギーよりも小さい弱結晶場・配位子場のもとでは，エネルギー準位が低い t_{2g} 軌道が電子対で充填されるよりも先に e_g 軌道に不対電子が配置されていく（図 4.24 上段）．このように，多くの不対電子が存在する電子配置を**高スピン状態**という．これに対し，d 軌道の分裂エネルギーがスピン対形成エネルギーよりも大きい強結晶場・配位子場のもとでは，まずエネルギー準位が低い t_{2g} 軌道から順にフントの規則に従って電子が配置されていく（図 4.24 下段）．これは不対電子が少なくなる電子配置であり，**低スピン状態**といわれる．つまり中心金属が同一の元素でかつ酸化状態が等しい 6 配位八面体型錯体でも，配位子が異なれば d 軌道上の電子配置が異なり，その結果，安定性や磁気的性質（磁性）も異なるといった場合が生じうる．

金属錯体の磁気的性質は，分子構造や配位子の電子的特性なども支配要因となりえる．しかし金属 1 個からなる単核錯体で，配位子が不対電子をもたないものであれば，

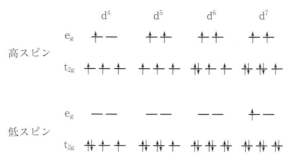

図 4.24　6 配位八面体型錯体における電子配置

分子間の相互作用がない系では中心金属の d 軌道上の電子配置によりその磁気的性質は定まる。すなわち，不対電子をもたなければ磁気モーメントが 0 の反磁性錯体であり，不対電子をもつ場合には常磁性錯体である。スピンの角運動量に基づく磁気モーメント $\mu_{\text{spin only}}$ は，d 電子の数とスピン状態に対応した不対電子の数 n によって，

$$\mu_{\text{spin only}} = \sqrt{n(n+2)} \quad [\mu_B]$$

で表される。ただし，μ_B は磁気モーメントの単位 (**ボーア磁子**) を表す。

(b) 電子配置と錯体分子の安定性の相関

金属錯体における d 軌道上の電子配置と錯体分子の安定化の度合いには相関がある。これは**結晶場安定化エネルギー** (Crystal Field Stabilization Energy : CFSE) とよばれるもので，錯体形成にともない分裂した d 軌道への電子配置に基づくエネルギーと，錯体形成前の縮退している d 軌道に電子が分布している場合のエネルギーの差であり，その値が小さいほど系の安定化の度合いが大きいことを表す。

たとえば，コバルト(III)イオンが中心金属である 6 配位八面体型錯体について，中心金属が低スピン状態である錯体と高スピン状態である錯体の CFSE は，d 軌道分裂エネルギーを $\Delta_O = 10Dq$ とした場合にはそれぞれ次のように計算される。

　　低スピン（電子配置は $(t_{2g})^6$）: CFSE $= -4Dq \times 6 = -24Dq$ ⇒ きわめて安定
　　高スピン（電子配置は $(t_{2g})^4(e_g)^2$）: CFSE $= -4Dq \times 4 + 6Dq \times 2 = -4Dq$ ⇒ 不安定

コバルト(II)錯体についても同様に計算すると，電子配置が $(t_{2g})^6(e_g)^1$ である低スピン状態では $-18Dq$ であるのに対し，電子配置が $(t_{2g})^5(e_g)^2$ である高スピン状態では $-8Dq$ である。よって，コバルト(II)錯体が酸化される場合，低スピン状態のコバルト(III)錯体に変化することは系の安定化につながるのに対し，高スピン状態のコバルト(III)錯体への変化は不安定化の過程であると解釈できる。

(c) 電子配置と錯体分子の構造の相関

3d 軌道に 9 個の電子をもつ銅(II)イオンが 6 配位八面体型錯体を形成したと仮定すると，$(t_{2g})^6(e_g)^3$ の電子配置をとることになるが，縮退している e_g 軌道のうち，1 つの軌道には電子対，残りの軌道に不対電子というように非等価に電子が配置されている。一方，d_{z^2} 軌道上にある配位子が銅(II)中心から遠ざかっている歪んだ 6 配位八面体型

4.2 配位化合物

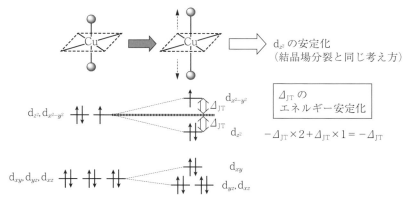

図 4.25 銅(II)錯体におけるヤーン-テラー効果

錯体であると，e_g 軌道の縮退は解かれて $(d_{xz}, d_{yz})^4(d_{xy})^2(d_{z^2})^2(d_{x^2-y^2})^1$ の電子配置となる。そしてこれら 2 つの構造の電子のエネルギーの総和を比較すると，歪んだ構造のほうが縮退していた e_g 軌道と縮退が解けた後の d_{z^2} 軌道のエネルギー準位差に相当する Δ_{JT} だけ安定であることがわかる。このように，分子構造を変形させることで軌道の縮退が解かれて系が安定化することを**ヤーン-テラー**(Jahn-Teller)**効果**とよぶ。この効果は，e_g 軌道の電子占有が非等価な状態のときに発現し，例示した銅(II)錯体のような d 軌道の電子数が 9 個である場合のほか，$(e_g)^1$ の電子配置をとる d 電子数が 7 の低スピン状態(コバルト(II)錯体など)や d 電子数が 4 の高スピン状態(マンガン(III)錯体など)のものにおいてみられる。

(d) d 軌道の分裂と錯体の色

金属錯体の多くは着色している。これは錯体分子が可視光を吸収するためである。可視光の吸収，すなわち光のエネルギーの吸収は，錯体分子内でのエネルギー準位の低い軌道から高い軌道への電子の遷移を引き起こす。電子が遷移する 2 つの軌道間のエネルギー準位の差が，吸収する光のエネルギーに対応している。すなわち，低エネルギーの可視光の吸収にともなう電子遷移は，**d-d 遷移**とよばれる．分裂した d 軌道間(6 配位八面体型錯体における $t_{2g} \to e_g$ や，4 配位四面体型錯体における $e \to t_2$ など)での遷移や，相互作用している金属の d 軌道と配位子の軌道の間での遷移(**電荷移動遷移**：LMCT とよばれる配位子→金属の遷移および MLCT とよばれる金属→配位子の遷移)などがある。

d-d 遷移は，d 電子数が 1～9 個の錯体でみられる現象である。吸収される光の波長は，分裂した d 軌道のエネルギー準位の差により定まる。配位子場理論の実験的な裏づけとなっている分光化学系列は，この d-d 遷移を観測したものである。

電荷移動遷移の具体例を図 4.26 に示す。過マンガン酸イオン($[Mn^{IV}O_4]^-$)はマンガン(VII)イオンを中心原子とする 4 配位四面体型錯体である。この錯体において，マンガン中心は d 電子をもたないために d-d 遷移は起こりえないが，電子が充填されている酸化物イオン(O_2^-)の軌道から空のマンガンの軌道への電荷移動遷移，すなわち

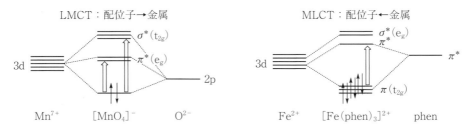

図 4.26　電荷移動遷移の例

LMCT(Ligand to Metal Charge Transfer)のために濃い赤紫色を呈する。また，3分子のフェナントロリン(phen：図4.14参照)が鉄(II)イオンに配位した6配位八面体型錯体 $[\mathrm{Fe}^{\mathrm{II}}(\mathrm{phen})_3]^{2+}$ において，鉄(II)イオンは低スピン状態をとっており，t_{2g} 軌道には3組の電子対が充填されている。フェナントロリンはπ受容性配位子であることから，鉄(II)イオンとの間にはπ逆供与結合が形成されており，結合性軌道である t_{2g} 軌道よりも反結合性軌道であるフェナントロリン由来の π^* 軌道のほうがエネルギー準位が高い。よって t_{2g} 軌道に充填されている電子が空の π^* 軌道へと遷移する MLCT(Metal to Ligand Charge Transfer)のために，この錯体は濃い赤色を呈する。

コラム：金属錯体の反応

　溶液状態において，金属錯体の分子は溶液内に共存する他の分子と反応することで分子構造が変化する。このような構造変化は，多様な錯体の合成に利用される。また触媒反応の過程では，このような金属錯体の構造変化をともなっている場合が多い。

　金属錯体と他の分子との反応による構造変化に際して，中心金属の酸化状態(酸化数)が変化する場合がある。たとえば，哺乳類の血液中に存在する酸素運搬体であるヘモグロビンでは，たんぱく質に結合した鉄-ポルフィリン錯体の鉄中心に酸素分子が結合する。このとき，鉄の酸化数は，酸素分子が結合する前には+2であったものが，酸素分子結合後には+3となっている。また，鉄に結合した酸素は-1価の超酸化物イオン(スーペルオキシドイオン：O_2^-)となっている。すなわち，鉄に酸素が付加することで鉄は+2価から+3価に酸化されるため，このような過程は**酸化的付加反応**とよばれる。また，鉄(III)イオンに結合していた O_2^- が鉄から解離すると中性の酸素分子となり，同時に鉄(II)イオンへの還元が起こる。この過程は**還元的脱離反応**とよばれる。このような酸化的付加および還元的脱離反応は，図4.27に示すような反応物や生成物の結合切断・生成に関与しており，さまざまな触媒反応における重要な過程であることが知られている。

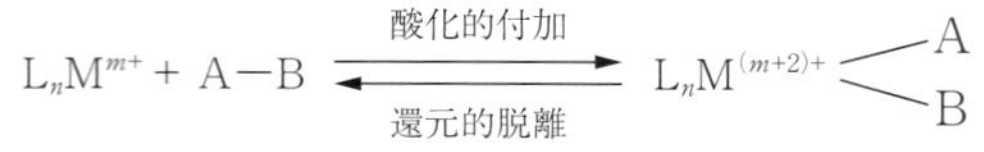

$$\mathrm{L}_n\mathrm{M}^{m+} + \mathrm{A-B} \xrightleftharpoons[\text{還元的脱離}]{\text{酸化的付加}} \mathrm{L}_n\mathrm{M}^{(m+2)+}\begin{array}{c}\diagup \mathrm{A}\\ \diagdown \mathrm{B}\end{array}$$

図 4.27　酸化的付加反応・還元的脱離反応と結合の切断・生成

　一方，配位数の少ない金属中心に中性の配位子が付加する場合には中心金属の酸化状態は変化しない。ヘモグロビン中の鉄-ポルフィリン錯体に一酸化炭素が結合した状態において，鉄の酸化数は+2のままであり，一酸化炭素結合前と変わっていない。これは中心金属に対して他の分子の「配位」が起こっただけである。また，金属錯体分子中のある配

位子が別の分子と置き換わるだけで，中心金属の酸化数は変化しない反応もある．これは**配位子交換(置換)反応**とよばれる．配位子交換反応の起こりやすさは，中心金属の酸化数や電子配置，配位子の分子構造，配位子と中心金属の結合の強弱など，さまざまな要素により変化する．

演習問題 4

[1] 黄鉄鉱(FeS_2)は，採掘場において硫酸酸性の排水を生じることが知られている．このことを，FeS_2, O_2, H_2O を用いた化学反応式で示しなさい．このとき，Fe も酸化される．

[2] モリブデン(Mo)の単核オキソメタラート($[MoO_4]^{2-}$)は酸性溶液中(H^+)において，ポリオキソメタラート($[Mo_6O_{19}]^{2-}$)を生成する．この反応をイオン反応式で示しなさい．また，$[Mo_8O_{26}]^{2-}$ が生成する場合はどうか．

[3] 二硫化モリブデン(MoS_2)は，CdI_2 型と類似の層状構造を有しており，二硫化鉄(FeS_2)とは結晶構造が大きく異なる．各化合物中における Mo と Fe の酸化数を比較しなさい．

[4] 次の化学式(1)～(3)で示される錯体の分子構造の模式図を描きなさい．
 (1) $trans$-$[CoBr_2(NH_3)_4]^+$
 (2) mer-$[CoBr_3(NH_3)_3]^-$
 (3) $[Cu_2(\mu\text{-}OH)_2(en)_2]^{2+}$

[5] 結晶場理論に基づいて，5配位正方錐型錯体における中心金属の d 軌道の分裂パターンを予測し描きなさい．

[6] 6配位八面体型錯体 $[Cr(H_2O)_6]^{3+}$, $[MnCl_6]^{4-}$ および $[Co(CN)_6]^{3-}$ について，次の(1)～(4)の問いに答えなさい．
 (1) それぞれの錯体における中心金属の価数とその電子配置を答えなさい．
 (2) それぞれの錯体における中心金属の d 軌道の電子配置を図示しなさい(結晶場理論に基づいて d 軌道の分裂パターンを描き，そこに矢印によりスピンの向きを表した電子を配置せよ)．なお，H_2O および Cl^- は弱い結晶場，CN^- は強い結晶場を与えるものとして考えよ．
 (3) それぞれの錯体の磁性(常磁性または反磁性)を答えなさい．
 (4) それぞれの錯体における結晶場安定化エネルギー(CFSE)を求めなさい．ただし，6配位八面体型結晶場の d 軌道分裂エネルギー(e_g と t_{2g} のエネルギー差)を Δ_o とし，CFSE を Δ_o を用いて表すこと．

[7] 正四面体型錯体 $[CrO_4]^{2-}$ における中心金属の酸化数と 3d 電子の数を答えなさい．また，この錯体は濃い橙黄色を呈しているが，この着色の原因・理由について説明しなさい．

参 考 文 献

1) P. Atkins, T. Overton, J. Rourke, M. Weller, F. Armstrong 著／田中勝久・平尾一元・北川進訳, "シュライバー・アトキンス 無機化学(下) 第4版", 東京化学同人 (2008).
2) 公益財団法人 日本化学会 命名法専門委員会編, "化合物命名法—IUPAC 勧告に準拠—(第2版)" 東京化学同人 (2016).

5

希土類元素

　第3族のスカンジウム(Sc)とイットリウム(Y)にランタノイド元素を加えたものを**希土類元素**(rare earth element)とよぶ。そして，原子番号の増加とともにf軌道に電子が充填されていく元素を特に**fブロックの元素**とよび，第3族のランタノイド元素(原子番号57から71)とアクチノイド元素(原子番号89から103)をさす。これらの原子では，4fと5d軌道，5fと6d軌道のエネルギー準位が非常に近接しており，一部変則的な電子の充填をする場合がある。しかし，基本的にランタノイド元素では4f軌道に電子が順に充填していき，アクチノイド元素では5f軌道に電子が順番に充填していく。fブロック元素では，f電子の数が変化しても一般的に類似した化学的性質を示す。以下では，希土類元素のなかでもランタノイド元素を中心に，アクチノイド元素も含めてその基本的性質などについてみていくことにする。

5.1　希土類元素，ランタノイド元素

5.1.1　一般的な性質とランタノイド収縮

　第3族のSc(原子番号21)とY(原子番号39)は，ランタノイド元素と非常に類似した化学的性質を有している。そこで本節では，ランタノイド元素にScとYも含めて希土類元素として検討する。ここで，希土類という名称は，産出量が非常に少ない元素というイメージをもつが，すべてのランタノイド元素が実際の地球上の存在量において決して非常に希少な元素であるというわけでなく，たとえばセリウム(Ce)は，Cuなどよりも存在量が多いといわれている。

　これらの元素は一般的に陽イオンとなりやすく，金属状態(M)の3価の陽イオン(M^{3+})に対する標準電極電位は，$-2.25\,\mathrm{V}$ (ルテチウム(Lu))から$-2.52\,\mathrm{V}$ (ランタン(La))の値をとることが知られている。

　また，電子配置をみてみると，中性原子(M)では，主量子数nが5以上の外側の軌道だけに着目すると，$5s^2 5p^6 6s^2$または$5s^2 5p^6 5d^1 6s^2$となっている。そして3価のイオン(M^{3+})は$5s^2 5p^6$となっている。さらに，4f軌道が閉殻構造をとるLa^{3+}とLu^{3+}以外の3価のランタノイドイオンは不対電子を有することから常磁性を示す。4f電子は5s軌道や6p軌道の電子よりも内部に存在するため，外部の配位子などの影響から遮蔽されており，基本的に配位子場の影響もほとんど受けない特徴を有している。表5.1にラ

表 5.1 ランタノイド元素の電子配置と性質

原子番号	元　素	元素記号	電子配置 Xe の電子配置省略	原子価	イオン(M^{3+})半径 [nm]	M^{3+} 色
57	ランタン	La	$5d^1 6s^2$	3	0.106	無色
58	セリウム	Ce	$4f^1 5d^1 6s^2$	3, 4	0.103	無色
59	プラセオジム	Pr	$4f^3 6s^2$	3, 4	0.101	緑色
60	ネオジム	Nd	$4f^4 6s^2$	3	0.099	淡紫色
61	プロメチウム	Pm	$4f^5 6s^2$	3	0.098	淡紅色
62	サマリウム	Sm	$4f^6 6s^2$	2, 3	0.096	黄色
63	ユウロピウム	Eu	$4f^7 6s^2$	2, 3	0.095	淡紅色
64	ガドリニウム	Gd	$4f^7 5d^1 6s^2$	3	0.094	無色
65	テルビウム	Tb	$4f^9 6s^2$	3, 4	0.092	淡紅色
66	ジスプロシウム	Dy	$4f^{10} 6s^2$	3	0.091	黄色
67	ホルミウム	Ho	$4f^{11} 6s^2$	3	0.089	黄色
68	エルビウム	Er	$4f^{12} 6s^2$	3	0.088	淡紅色
69	ツリウム	Tm	$4f^{13} 6s^2$	3	0.087	緑色
70	イッテルビウム	Yb	$4f^{14} 6s^2$	2, 3	0.086	無色
71	ルテチウム	Lu	$4f^{14} 5d^1 6s^2$	3	0.085	無色

ンタノイド元素の性質と電子配置をまとめた。

　3 価のイオンのイオン半径と原子番号の関係をみてみると，原子番号の増加とともにイオン半径が小さくなっている。この現象を**ランタノイド収縮**（lanthanoid contraction）という。これは，f 軌道に対する核電荷の影響が s, p, d 軌道と比べて異なるためである。このことは，図 5.1 に示した，4f, 5d, 6s 軌道の動径方向の電子分布のグラフをみてもわかる。4f 軌道より外側にある 5d, 6s 軌道は，4f 軌道と比べて核の近くまで分布（貫入）している。このため核電荷の遮蔽を受けにくい。

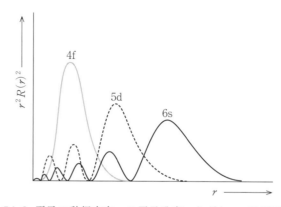

図 5.1　4f, 5d, 6s 電子の動径方向への電子分布。ただし，r は原子核からの距離，$R(r)$ は動径波動関数である。

5.1.2 分離精製

ランタノイド元素の酸化物は，大気中の H_2O や CO_2 を吸収して水酸化物や炭酸塩を生じやすい。また，水酸化物は両性を示すことが知られている。さらに，塩化物は水によく溶解するが，フッ化物は難溶性の塩を形成する。一般に3価の陽イオンが安定であるが，Ce だけは CeO_2 などの4価の化合物も安定に存在する。

ランタノイド元素は，鉱石から濃硫酸やアルカリ溶融により分解，ないし溶解され取り出される。これらの元素はその化学的性質が非常に類似しており分離が困難であり，溶解度の差を利用した分別結晶をくり返してそれらの分離を行っていた。近年はイオン交換クロマト法などを用いて高純度な元素を得ることができるようになっている。

5.1.3 化合物

ランタノイド元素はユウロピウム(Eu)を除いて最密充填構造を有する結晶となる。また，一般にやわらかく白色の金属である。Eu とイッテルビウム(Yb)は式(5.1)で表されるように液体アンモニアに溶解し青色の溶液を形成する。以下の反応式中の Ln はランタノイド元素を表す。

$$\text{Ln} \xrightarrow{\text{液体 NH}_3} \text{Ln}^{2+} + 2e^-(\text{solv}) \qquad \text{Ln} = \text{Eu, Yb} \qquad (5.1)$$

ただし，溶媒和した電子を $e^-(\text{solv})$ で表した。またランタノイド元素は，式(5.2)の半反応式で表される標準電極電位 $E°$ は -2.0 V から -2.4 V の値をとる。

$$\text{Ln}^{3+} + 3e^- \rightarrow \text{Ln} \qquad (5.2)$$

そのため，薄い酸や水蒸気と反応して水素を発生する。また，空気中で燃焼して Ln_2O_3 の組成式の酸化物となる。ただし Ce は例外で CeO_2 となる。また，ランタノイド元素は，加熱すると水素と反応して水素化物 LnH_2 や LnH_3 を与える。ただし，一般的に不定比性を有することがあり，ガドリニウム(Gd)の水素化物の場合，$GdH_{2.85～3}$ の組成式で表される。Eu は EuH_2 のみを生成する。炭素と加熱すると Ln_2C_3 や LnC_2 の組成式で表される化合物を生じることが知られている。

ハロゲン化物は一般的に，LnX_3 の組成式を有するが，水素などで還元すると LnX_2 の状態に還元されるものもある(Ln = Sm, Eu, Yb；X = F, Cl, Br, I)。水酸化物については一般に水にはやや溶けにくく，CO_2 と反応して炭酸塩を与える。そして，原子番号が大きくなるほど溶解性が減少する。また，熱した NaOH 水溶液に対して式(5.3)の反応により溶解する。

$$\text{Ln(OH)}_3 + 3\text{OH}^- \rightarrow [\text{Ln(OH)}_6]^{3-} \qquad (5.3)$$

5.1.4 応用

ランタノイド元素からなる物質には，発光材料や磁性材料として用いられるものが多くある。特に，発光性のランタノイド元素のイオンを含む蛍光発光体は，ディスプレイ用の電子励起発光体，レーザー発振素子，光通信素子などさまざまな分野で用いられている。発光波長はイオンの種類を選ぶことで自由に選択できる。たとえば，青色(Tm^{3+})，緑色(Tb^{3+})，赤色(Eu^{3+})などである。これらのイオンを組み合わせることに

よりさまざまな発光色を得ることができる。また、ランタノイド元素のイオンの発光は遮蔽された4f軌道間で起こるため、電子構造変化による影響が少なく、配位子による発光波長の変化が起こりにくい。そのため発光スペクトルの半値幅のせまい色純度の高い発光を示す。

YはAlと$Y_3Al_5O_{12}$の組成式を有するガーネット型結晶構造を有する**YAG**(アルミニウムイットリウムガーネット)を生成する。この結晶構造のY^{3+}の一部をNb^{3+}で置換固溶したYAG：Nb^{3+}はレーザー発振に用いられており、Ce^{3+}で置換固溶したYAG：Ce^{3+}は、黄色の蛍光発光体として用いられている。さらに、光通信などに用いられる光アイソレーターに$Tb_3Al_5O_{12}$(TAG)や$Y_3Fe_5O_{12}$(YIG)などの特異な光学的特性を有するガーネット構造を有する物質群が用いられている。

磁性材料では、金属間化合物である$SmCo_5$, $SmCo_{17}$(サマリウム系磁石)や$Nd_2Fe_{14}B$(ネオジム磁石)が強力な永久磁石として用いられている。

さらに、酸化セリウム(CeO_2)は近年自動車排気ガス浄化触媒として用いられたり、化粧品用の紫外線遮断材として用いられるなどさまざまな分野で応用がさかんに進められている希土類元素の一つである。

5.2 アクチノイド元素

5.2.1 一般的な性質

アクチノイド元素は原子番号89から103までの15種類の元素であり、すべて放射性元素である。地殻中に存在するのは原子番号89のアクチニウム(Ac)から原子番号92のウラン(U)までである。また、原子番号93以上は**超ウラン元素**とよばれる。アクチ

表5.2 アクチノイド元素の電子配置と性質

原子番号	元素	元素記号	電子配置 Xeの電子配置省略	原子価	イオン(M^{3+})半径 [nm]
89	アクチニウム	Ac	$6d^17s^2$	3	0.126
90	トリウム	Th	$6d^27s^2$	3, 4	0.108
91	プロトアクチニウム	Pa	$5f^26d^17s^2$, $5f^16d^27s^2$	3, 4, 5	0.118
92	ウラン	U	$5f^36d^17s^2$	3, 4, 5, 6	0.117
93	ネプツニウム	Np	$5f^57s^2$, $5f^46d^17s^2$	3, 4, 5, 6, 7	0.115
94	プルトニウム	Pu	$5f^67s^2$, $5f^56d^17s^2$	3, 4, 5, 6, 7	0.114
95	アメリシウム	Am	$5f^77s^2$	2, 3, 4, 5, 6	0.112
96	キュリウム	Cm	$5f^76d^17s^2$	3, 4	0.111
97	バークリウム	Bk	$5f^97s^2$, $5f^86d^17s^2$	3, 4	0.110
98	カリホルニウム	Cf	$5f^{10}7s^2$, $5f^96d^17s^2$	2, 3, 4	0.109
99	アインスタイニウム	Es	$5f^{11}7s^2$, $5f^{10}6d^17s^2$	2, 3	
100	フェルミウム	Fm	$5f^{12}7s^2$, $5f^{11}6d^17s^2$	2, 3	
101	メンデレビウム	Md	$5f^{13}7s^2$, $5f^{12}6d^17s^2$	1, 2, 3	
102	ノーベリウム	No	$5f^{14}7s^2$, $5f^{13}6d^17s^2$	2, 3	
103	ローレンシウム	Lr	$5f^{14}6d^17s^2$	3	

ノイド元素は3価の陽イオンになるものが多いが4価以上の酸化数をとるものもある（表5.2）。また、不安定な核種が多い。これらの元素は、放射性元素としての利用がおもな用途となる。

5.2.2 放射性元素としての性質

放射能を放出する原子から放出される放射線にはα線、β線、γ線などがある。α線は陽子(p) 2個と中性子(^{1}n) 2個で構成される$^4_2$Heの原子核である。β線は負電荷をもった電子(e^-)の流れであり、この電子は原子核の中の陽子と中性子の間で一種の互変変化が起こり、中性子1個が陽子1個に代わり、その際、遊離される負電荷が電子の形となり放出されるものである。このβ線の発生過程は陽子と中性子との比が安定範囲にない場合に起こる。γ線はエネルギーの高い不安定な励起状態の核種が放出する電磁波である。

アクチノイド元素のなかでも超ウラン元素である原子番号93から99の元素は、原子炉中で適当な原子に中性子(^{1}n)を照射することによって合成される。たとえば、原子番号93のネプツニウム^{237}Npは原子番号92の^{235}Uから以下のように合成される。

$$^{235}U + {}^1n \rightarrow {}^{236}U + \gamma$$
$$^{236}U + {}^1n \rightarrow {}^{237}U + \gamma$$
$$^{237}U \rightarrow {}^{237}Np + p + \bar{\nu}_e$$

上記の反応の^{237}Uから^{237}Npが生成する過程では、β崩壊によりβ線の発生とともに反電子ニュートリノ($\bar{\nu}_e$)が生成する。

放射性核種は、崩壊により生じた核種が放射性を有しているときはさらに崩壊していく。もとの核種を**親核種**といい、生成核種を**娘核種**という。これら一連の放射性崩壊による各種の変化の系列を**放射性崩壊系列**という。天然放射性崩壊系列には、表5.3に示した4つの代表的系列が知られている。

表5.3 天然放射性崩壊系列

崩 壊 系 列	系列中の最長寿命核種 （半減期）	系列最後の安定な核種
トリウム系列	$^{232}_{90}$Th （1.39×10^{10}年）	$^{208}_{82}$Pb
ネプツニウム系列	$^{237}_{93}$Np （2.20×10^{6}年）	$^{209}_{83}$Bi
ウラン系列	$^{238}_{92}$U （4.51×10^{9}年）	$^{206}_{82}$Pb
アクチニウム系列	$^{235}_{92}$U （7.13×10^{8}年）	$^{207}_{82}$Pb

演習問題5

[1] ランタノイド元素やアクチノイド元素が15種類の元素で構成される理由を答えなさい。
[2] ランタノイド収縮が起きる理由を、軌道の貫入と有効核電荷についてふれながら簡単に説明しなさい。
[3] ランタノイド元素では、励起電子の遷移が4f軌道間で起こり蛍光発光を示す。このとき、電子構造変化による影響が少なく配位子による発光波長の変化が起こりにくい。その理由について簡単に説明しなさい。

6

酸塩基と酸化還元

6.1 酸 と 塩 基

　ある物質(溶質)が溶解した水溶液にリトマス試験紙をつけると，その溶質の種類によって試験紙の色が青色から赤色になるものと赤色から青色になるものがある。前者は酸性の水溶液，後者は塩基性の水溶液であり，それぞれの水溶液を作り出した溶質を酸，塩基という(図6.1)。

図6.1　酸性，塩基性水溶液

　リトマス試験紙以外にも，物質を水溶液に入れたときに起こる化学反応は，水溶液の液性によって大きく異なる。たとえば，酸性の水溶液に鉄を溶解すると水素を発生するが，塩基性の水溶液では水素は発生しない。酸性と塩基性は逆の性質であり，酸性の水溶液と塩基性の水溶液を混ぜると**酸塩基反応**(acid-base reaction)という化学反応が起こり，より中間的な状態へと近づく。特に，酸性の水溶液と塩基性の水溶液を適切な量だけ混合すると，水溶液はそれぞれの性質を打ち消しあい，酸性の性質も塩基性の性質ももたない状態(中性)になる。この過程を**中和**(neutralization)とよぶ(図6.2)。なお，酸性の水溶液と塩基性の水溶液を混合した際，何らかの物質(**塩**という)を生成する。これらの物質のなかには固体として析出するものがあり，無機材料を液相で合成する際に利用される。

　以上のように，水溶液に溶解している溶質が酸であるか塩基であるかを知ることは非常に重要である。本章では，この酸と塩基の基本に関して概説する。

図 6.2　中和反応

コラム：アルカリ性と塩基性の違い

「アルカリ性」と「塩基性」という言葉を同じように使う人がいるが，正式な定義としては違うものをさす。アルカリ性は水に溶けるものをさし，塩基性は酸性に相対する言葉であり，水に溶けていないものにも使える。その意味では塩基性という言葉はより広い意味で使用でき，アルカリ性という言葉は水溶液でのみ使うことができる。ちなみにアルカリの言葉は，植物の灰を水に溶かした場合，含まれる炭酸カリウムが溶解してアルカリ性を示すことに由来する。

6.1.1　定　義

酸塩基の定義は，どの化学種が酸あるいは塩基の役割を果たすかによって3つの定義がある。それぞれ以下で解説する。

(a)　アレニウスの定義

アレニウス(Arrhenius)は，水溶液中で解離し，**水素イオン(H^+)を生じる物質が酸**，**水酸化物イオン(OH^-)を生じる物質が塩基**と定義した。酸を HA，塩基を MOH とし，これらを水に溶解すると，

$$HA \rightleftarrows H^+ + A^-$$
$$MOH \rightleftarrows M^+ + OH^-$$

となり，それぞれ H^+ と OH^- が生じる。また，酸と塩基を混合すると，酸塩基反応により塩 MA と水が生成する。ここで水素イオン(H^+)という言葉を用いたが，これは水溶液中ではプロトン(水素の原子核)ではなく，水和された**オキソニウムイオン**(oxonium ion, H_3O^+)として存在する。

アンモニアも塩基であり，水溶液中で

$$NH_3 + H_2O \rightleftarrows NH_4^+ + OH^-$$

という平衡が存在し，水酸化物イオンを生じる。

酸，塩基の強さは，プロトンあるいは水酸化物イオンへの解離のしやすさで決まる。HCl や HNO_3 などの強酸は，非常に濃厚な溶液やごく希薄な溶液でない限り，水溶液中で完全に解離し，もっているプロトンをすべて放出し，これらはすべて H_3O^+ になる。したがって H_3O^+ としての酸の強さ以上になることはなく，本来は非常に高いプロトン供与能があり，より酸性が強いにもかかわらず，水溶液ではすべて同じ強さの酸としてはたらく。これを**水平化効果**(leveling effect)という。塩基についても同様で，たとえば $NaOC_2H_5$ などの強塩基は水溶液にすると下記の平衡が完全に右に偏るので，NaOH 水溶液と違いがない。

6.1 酸と塩基

$$C_2H_5O^- + H_2O \rightleftarrows C_2H_5OH + OH^-$$

一方で，アレニウスの酸・塩基の定義は水溶液系でのみ意味をもち，水以外の溶媒や溶媒に溶解していない場合には，意味を失う。その後，この定義を拡張した形でブレンステッド(Brønsted)の定義とルイス(Lewis)の定義が提案された。

(b) ブレンステッドの定義

ブレンステッドと独立にローリー(Lowry)も同じ定義を提案したので，**ブレンステッド–ローリーの定義**ともよばれる。この定義では，**酸はプロトンを放出しうる分子またはイオン**であり，プロトン供与体ということもできる。逆に，**プロトンの受容体が塩基**である。したがって，この定義ではアレニウスの定義と異なり，酸や塩基を含む溶液の溶媒が水に限定されない。強酸の水溶液は水平化効果のためにすべて同じ強さの酸になることを述べたが，たとえば，溶媒を氷酢酸として強酸の溶液を調製すると状況が異なってくる。酢酸は水よりも強いプロトン供与体なので，強酸の解離が抑制される。氷酢酸中の電気伝導度の測定より，強酸の強さは次の順序であることがわかっている。

$$HClO_4 > HBr > H_2SO_4 > HCl > HNO_3$$

酸がプロトンを放出すれば塩基であり，塩基がプロトンを取り入れたものが酸である。このように，酸(HA)とこれからプロトンを放出して生じた塩基(A^-)とは，互いに**共役**(conjugate)しているという。

$$HA \rightleftarrows A^- + H^+ \tag{6.1}$$

また，HA は塩基 A^- の共役酸，A^- は酸 HA の共役塩基という表現もよく使われる。

酸 HA を水に溶解すると，

$$HA + H_2O \rightleftarrows H_3O^+ + A^- \tag{6.2}$$

という共役関係が成立する。一方，塩基 B を水に溶解した場合

$$B + H_2O \rightleftarrows OH^- + BH^+ \tag{6.3}$$

という共役関係が成立する。式(6.2)と式(6.3)を見比べると，H_2O は反応する相手によって酸としても塩基としてもはたらく両性分子であることがわかる。同様に，HCO_3^- や $H_2PO_4^-$ は酸性溶液中では塩基としてはたらき，アルカリ性溶液中では酸としてはたらく，両性イオンである。

(c) ルイスの定義

ブレンステッドの定義ではプロトンが酸・塩基反応を決定する化学種であった。ルイスの酸・塩基はプロトンという特定の化学種に限定されない定義である。

アンモニウムイオン(NH_4^+)はブレンステッドの酸であり，その共役塩基はアンモニアである。この関係は次のように表される。

$$[H:NH_3]^+ \rightleftarrows H^+ + NH_3 \tag{6.4}$$

式(6.4)を式(6.1)と比較すると，NH_3 は非共有電子対をプロトンと共有して NH_4^+ が生じる。この考え方を一般化して，**非共有電子対を受け入れることができるもの(電子対受容体)を酸，非共有電子対を与えることができるもの(電子対供与体)を塩基**と定義したものがルイスの酸・塩基の定義である。

よって，ブレンステッドの酸と塩基である H^+ と NH_3 はルイスの定義でもそれぞれ酸と塩基である。しかし，ブレンステッドの定義では酸・塩基とよべない三フッ化ホウ素 BF_3 と F^- の反応(式(6.5))も，ルイスの定義では酸と塩基の反応である(図6.3)。

$$BF_3 + F^- \rightleftarrows BF_4^- \qquad (6.5)$$

ここで，BF_3 は酸ではあるが，プロトンを放出しえないから，ブレンステッドの酸と区別して**ルイス酸**(Lewis acid)とよばれる。同様に式(6.5)における F^- はルイスの定義による塩基，すなわち**ルイス塩基**(Lewis base)とよばれる。

図6.3 ルイス酸，塩基

6.1.2 HSAB の概念

ルイスの酸・塩基の概念に基づくと，たとえば Cu^{2+} と NH_3 から $[Cu(NH_3)_4]^{2+}$ が生成する反応(錯形成反応)も，ルイス酸(Cu^{2+})とルイス塩基(NH_3)の反応とみなすことができる。

$$Cu^{2+} + 4NH_3 \rightarrow [Cu(NH_3)_4]^{2+} \qquad (6.6)$$

なお，上記の錯体は添加するアンモニア量によって銅1原子あたりに配位する NH_3 の数が変化する。図6.4に pH と各種イオンの関係を示す。この関係は，水溶液中の銅イオンの分析や固体物質への銅イオンの吸着などさまざまな分野での適用が可能である。

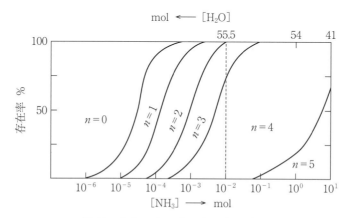

図6.4 アンモニア濃度の変化による $[Cu(H_2O)_{4-n}(NH_3)_n]^{2+}$ の錯体の存在比[1]。各曲線にはさまれた領域に存在するおもな錯体の n の値をグラフ中に示した。$n=5$ は平面四角形型の配位に対して，上か下の位置に NH_3 があることを示している。

6.1 酸と塩基

　金属イオンがハロゲン化物イオンと錯体を形成するとき，錯形成のしやすさに関してa群とb群および中間的なものに分類できる。a群に属するAl^{3+}などの金属イオンはハロゲン化物イオンと$F^- > Cl^- > Br^- > I^-$の順で錯形成しやすく，F^-との錯体が最も安定である。たとえば，Al^{3+}はF^-と$[AlF_n]^{(3-n)+}$ ($n=1〜6$)のような錯体を容易につくる。ところが，Pt^{2+}, Cu^{2+}, Ag^+, Hg^{2+}などの金属イオンは逆に$F^- < Cl^- < Br^- < I^-$の順に錯形成しやすく，I^-との錯体が最も安定でb群に属する。ルイス塩基をハロゲン化物イオンに限定せず，a, b群に属する金属イオンとの間の錯形成のしやすさに関して次のような序列が成立する。

　　a群の金属イオンに対して　$O \gg S > Se > Te$　　$N \gg P > As > Sb$
　　b群の金属イオンに対して　$O \ll S 〜 Se 〜 Te$　　$N \ll P < As < Sb$

　ピアソン(Pearson)は，a群およびb群に属する金属イオンをそれぞれ**かたい酸**および**やわらかい酸**と名づけた。また，a群に属するかたい酸と親和性の強いF^-やO, Nのような塩基を**かたい塩基**，逆に，b群に属するやわらかい酸と親和性の強いI^-やS, Pのような塩基を**やわらかい塩基**と名づけた。かたい酸はかたい塩基と親和性があり，やわらかい酸はやわらかい塩基と親和性があると表現することもできる。表6.1におもなかたい酸・塩基，やわらかい酸・塩基の分類を示した。

表6.1　かたい酸・塩基およびやわらかい酸・塩基(HSAB)

	かたい	中間	やわらかい
酸	H^+, Li^+, Na^+, K^+, Be^{2+}, Mg^{2+}, Ca^{2+}, Al^{3+}, Cr^{3+}, Co^{3+}, Fe^{3+}, La^{3+}, Ti^{4+}, BF_3, SO_3	Fe^{2+}, Co^{2+}, Ni^{2+}, Cu^{2+}, Zn^{2+}, Pb^{2+}, Sn^{2+}, SO_2, BBr_3	Cu^+, Ag^+, Au^+, Tl^+, Pd^{2+}, Cd^{2+}, Pt^{2+}, Hg^{2+}, Hg_2^{2+}, BH_3
塩基	NH_3, H_2O, R_2O, OH^-, F^-, Cl^-, ClO_4^-, NO_3^-, RO^-, CH_3COO^-, SO_4^{2-}, PO_4^{3-}	N_2, NO_2^-, N_3^-, Br^-, ピリジン, SO_3^{2-}	H^-, CN^-, R^-, I^-, R_2S, RSH, RS^-, R_3P, R_3As, RNC, CO, C_2H_4

　かたいと形容されるのは比較的サイズが小さく，分極しにくい酸・塩基であり，やわらかいものは大きくて分極しやすい酸・塩基である。また，金属イオンについては，正電荷の大きなものほどよりかたい酸になる。このような概念は，**HSAB**(hard and soft acids and bases)**則**とよばれる。

6.1.3　ブレンステッドの酸・塩基の強弱

　先に述べたように水は両性分子であり，次のように自己イオン化する。

$$H_2O \rightleftarrows H^+ + OH^- \tag{6.7}$$

この反応の平衡定数

$$K_w = [H^+][OH^-] = 1.0 \times 10^{-14} \,\mathrm{mol^2\,dm^{-6}} \quad (25℃)$$

は**自己解離定数**あるいは**水のイオン積**とよぶ。陽イオンと陰イオンは電気的につり合って中性なはずであるから，25℃の純水中では$[H^+] = [OH^-] = 1.0 \times 10^{-7}\,\mathrm{mol\,dm^{-3}}$(以下$\mathrm{mol\,dm^{-3}}$をMと表す)である。水素イオン濃度$[H^+]$は一般に非常に小さい値をとるので，酸性度を表すために

$$\mathrm{pH} = -\log_{10}[H^+] \tag{6.8}$$

表 6.2 種々の酸の pK_a 値（水溶液，25℃）

酸	pK_a	酸	pK_a	酸	pK_{a_1}	pK_{a_2}	pK_{a_3}
$HClO_4$	< 0	$C_5H_5NH^+$	4.23	H_2SeO_4	< 0	1.70	
HNO_3	< 0	HClO	7.53	H_2SO_4	< 0	1.99	
H_3PO_2	1.3	HBrO	8.63	H_3PO_4	1.5	6.78	
$HClO_2$	1.95	HCN	9.21	H_2SO_3	1.86	7.19	
HNO_2	3.15	H_3BO_3	9.24	H_2SeO_3	2.65	7.9	
HF	3.17	NH_4^+	9.24	H_2CO_3	6.35	10.33	
HCO_2H	3.74	C_6H_5OH	9.98	H_2S	7.02	13.9	
HN_3	4.65	HIO	10.64	H_3PO_4	2.15	7.20	12.38
CH_3CO_2H	4.76	H_2O_2	11.65	H_3AsO_4	2.24	6.96	11.50

がよく用いられる。

ブレンステッド酸 HA を水に溶解すると，次の平衡が成立する。

$$HA + H_2O \rightleftarrows H_3O^+ + A^- \tag{6.9}$$

この反応の平衡定数

$$K_a = \frac{[H_3O^+][A^-]}{[HA]} \tag{6.10}$$

は**酸解離定数**（acid dissociation constant）とよばれる。

強酸でない限り，K_a は非常に小さい値をとるので，

$$pK_a \equiv -\log K_a \tag{6.11}$$

の値がよく使われる。表 6.2 にいくつかの酸の pK_a 値を示す。pK_a 値が大きいほど弱酸を意味する。

さらに，酸解離は，以下のリン酸（H_3PO_4）のように多段階で起こることもある。

$$H_3PO_4 \rightleftarrows H^+ + H_2PO_4^- \qquad K_{a_1} \tag{6.12}$$
$$H_2PO_4^- \rightleftarrows H^+ + HPO_4^{2-} \qquad K_{a_2} \tag{6.13}$$
$$HPO_4^{2-} \rightleftarrows H^+ + PO_4^{3-} \qquad K_{a_3} \tag{6.14}$$

表 6.2 には，このような酸解離定数が pK_{a_1}，pK_{a_2}，pK_{a_3} として与えてある。また，図 6.5 には，pH とイオンの存在比の関係を示している。沈殿反応を利用する無機材料合

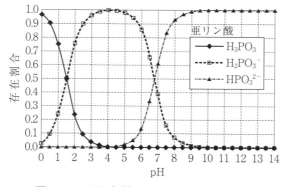

図 6.5 pH と各種イオンの存在率の関係[2)]

6.1 酸と塩基

成においてはこの原理を理解して合成を行うことが重要であり，たとえばカルシウムのリン酸化合物で骨材などに利用できるリン酸水酸化カルシウム（ヒドロキシアパタイト，$Ca_{10}(PO_4)_6(OH)_2$）の合成などにも応用できる。

一方，塩基 B を水に溶解したとき

$$B + H_2O \rightleftarrows BH^+ + OH^-$$

の反応が起こり，この平衡定数

$$K_b = \frac{[BH^+][OH^-]}{[B]} \tag{6.15}$$

は**塩基解離定数**(base dissociation constant)とよばれる。この反応に含まれる BH^+ の酸解離定数 K_a は

$$K_a = \frac{[H^+][B]}{[BH^+]} \tag{6.16}$$

であり，K_a と K_b は水のイオン積 K_w を介して

$$K_a K_b = [H^+][OH^-] = K_w \tag{6.17}$$

のように関係づけられる。すなわち，塩基解離定数は K_w を使って K_a 値に変換できる。

6.1.4 超　　酸

純粋な硫酸よりも強い酸の溶液は**超酸**(super acid)とよばれる。このような非水溶媒の酸性度を表すのには，水溶液系で用いられている pH に代わる尺度を工夫する必要がある。pH はおおよそ 0～14 の範囲で意味をもつが，超酸は非水溶媒であるうえに，いわば pH が大きな負の領域の酸性度に相当するからである。

超酸の酸性度は，**ハメットの酸性度関数**(Hammett acidity function) H_0 を測定することによって見積もられる。すなわち，H_0 を決定したい超酸にきわめて弱い塩基性の指示薬（プロトンが付加しにくい指示薬）B を加える。

H_0 は次のように定義される。

$$H_0 = pK_{BH^+} - \log \frac{[BH^+]}{[B]} \tag{6.18}$$

ここで，K_{BH^+} は酸 BH^+ の**熱力学的解離定数**

$$K_{BH^+} = \frac{a_{H^+} \cdot a_B}{a_{BH^+}} \quad (a: 活量, \text{activity})$$

である。$[BH^+]/[B]$ の値は吸収スペクトル測定により決定できるので，負の pK_{BH^+} 値をもつ適当な指示薬を使うことにより，H_0 値を大きな負の領域に拡張することができる。このような目的に使われる指示薬として，p-ニトロトルエン（$pK_{BH^+} = -11.4$），2,4-ジニトロトルエン（$pK_{BH^+} = -13.8$），1,3,5-トリニトロトルエン（$pK_{BH^+} = -16.0$）などがある。

H_0 が負の絶対値の大きな値であるほど強い酸である。たとえば，純硫酸の H_0 は -11.9，純 HF の H_0 は -11.0，フルオロ酢酸（HSO_3F）の H_0 は -15.6 である。HF に対して酸としてはたらく物質はほとんどないが，五フッ化アンチモン（SbF_5）はその数少

ない例である。

$$SbF_5 + 2HF \rightleftarrows H_2F^+ + SbF_6^- \qquad (6.19)$$

すなわち，SbF_5 はフッ化物イオン受容体(ルイス酸)としてはたらき，H_2F^+ を増やす。したがって，HF に SbF_5 を加えると H_0 が -20 以下という，きわめて強い酸性の溶媒になる。

6.1.5 固体の酸塩基性と構造

粘土が水で湿らせた青色リトマス試験紙を赤変させ，固体が酸性を示すことが発見されて以来，金属酸化物やリン酸塩などから粘土鉱質，合成ゼオライト，イオン交換樹脂など，多くの固体物質が酸・塩基性を示すことが明らかになり，これらは工業的な物質生産の現場でも触媒として使用されるようになってきている。代表的な固体酸触媒および固体塩基触媒を表 6.3 に示す。

表 6.3 代表的な固体酸触媒および固体塩基触媒

固体酸触媒	SiO_2-Al_2O_3，SiO_2-MgO，Al_2O_3-B_2O_3，SiO_2-ZrO_2，Al_2O_3，ゼオライト，ZrO_2，ニオブ酸，ヘテロポリ酸，金属硫酸塩，金属リン酸塩，H_3PO_4/SiO_2(固体リン酸)，カチオン交換樹脂，SO_4^{2-}/ZrO_2，TiO_2-ZrO_2，TiO_2
固体塩基触媒	アルカリ金属酸化物，アルカリ土類酸化物，La_2O_3，ZrO_2，アルカリ金属を担持した金属酸化物，アルカリ金属水酸化物を担持したアルミナ，KF/Al_2O_3，TiO_2-ZrO_2，TiO_2

固体酸(塩基)の性質は，酸点(塩基点)の強度，数(酸量(塩基量)または酸性度(塩基性度)ともいわれる)および種類(ブレンステッド酸(塩基)かルイス酸(塩基)か)で表される。

酸強度(塩基強度)とは，固体表面の酸点(塩基点)が塩基(酸)にプロトンを与える(受け取る)能力あるいは電子対を受け取る(与える)能力である。この測定法として代表的なのが**指示薬法**であり，塩基(酸)として適当な指示薬を選び，その指示薬の塩基型(酸型)をその共役酸(塩基)に変える能力を測定する方法である。液体の酸と同様に，表 6.4 に示す pK_a が既知の種々の酸塩基変換の指示薬を使うことで酸強度(塩基強度)を測定できる。すなわち，変色させることのできる指示薬の pK_a が小さいほど，その固体

表 6.4 酸塩基指示薬

酸強度測定用			塩基強度測定用		
指示薬	変色	pK_a	指示薬	変色	pK_a
メチルレッド	黄⇒赤	+4.8	ブロモチモールブルー	黄⇒青	+7.2
ベンゼンアゾジフェニルアミン	黄⇒紫	+1.5	フェノールフタレイン	無⇒赤	+9.3
ジシンナマルアセトン	黄⇒赤	-3.0	2,4,6-トリニトロアニリン	黄⇒赤橙	+12.2
アントラキノン	無⇒黄	-8.2	2,4-ジニトロアニリン	黄⇒紫	+15
p-ニトロトルエン	無⇒黄	-11.35	4-ニトロアニリン	黄⇒橙	+18.4
m-ニトロクロロベンゼン	無⇒黄	-13.16	4-クロロアニリン	黄⇒桃	+26.5

物質の酸強度(塩基強度)が大きい。たとえば，メチルレッド($pK_a = +4.8$)で赤色を示し，ベンゼンアゾジフェニルアミン($pK_a = +1.5$)で黄色を呈する固体の酸強度 H_0 は，+4.8 から +1.5 である。H_0 が小さいほどまた負値になるほど酸強度が大きい。このほかの測定法として，酸点であればアンモニアやピリジン，塩基点であれば二酸化炭素やフェノールを気相で吸着させる方法などがあり，高温における吸着質の脱離量によって酸強度あるいは塩基強度を測定できる。またこの方法では，赤外吸収スペクトルとあわせてブレンステッド酸点(塩基点)とルイス酸点(塩基点)の区別も可能である。

酸・塩基点はその固体の原子配置や幾何学的構造に由来して発現するが，その発現の機構についてはいまだ一般的な説が定まっていない部分もある。

一般化がなされている固体酸塩基の例として，ゼオライトのような複合酸化物があげられる。ゼオライトは基本的には二酸化ケイ素の結晶であり，形式的に Si_nO_{2n} と記すことができる。このうち，m 個のケイ素がアルミニウム原子(Al)に置換したとすると $Si_{n-m}Al_mO_{2n}$ となるが，Si は形式酸化数が +4，Al の形式酸化数が +3 であるので，このままでは負電荷を帯びることになる。そこで，電荷を中性に保つために Na^+ や H^+ などのカチオンを導入しなくてはならない。これが，カチオンの種類により Na 型ゼオライト，H 型ゼオライトなどとよばれる理由であり，また，このカチオンをイオン交換することにより種々の金属イオンをゼオライトに導入できる理由である。したがって，H 型ゼオライトでは $H_mSi_{n-m}Al_mO_{2n}$ のようにプロトンが導入され，ブレンステッド酸点の発現がみられる。図 6.6 に活性点構造を示す。このプロトンが脱水によって除かれると，ルイス酸点が形成される。

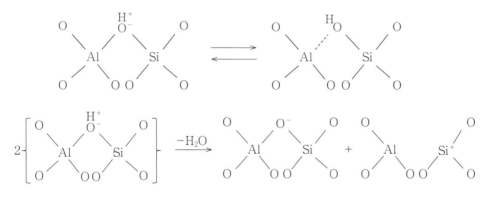

図 6.6　H 型ゼオライトの酸点構造

6.2 酸化と還元

6.2.1 酸化還元反応と標準電極電位

酸化とは「酸化数が増加すること」，還元とは「酸化数が減少すること」であり，酸化還元反応では，電子のやりとりによって，還元される化学種と酸化される化学種が生じる。たとえば，亜鉛の金属板を硫酸銅溶液に入れると，亜鉛板の表面に銅の単体が析出する。このとき，銅の酸化数は +2 から 0 に減少し(還元)，亜鉛の酸化数は 0 から

+2 に増加する(酸化)。

$$Zn(s) + Cu^{2+}(aq) \rightarrow Zn^{2+}(aq) + Cu(s)$$

上記の反応式は，2個の電子が移動する反応(2電子反応)であり，以下の半反応の組合せとして酸化還元反応が理解される。

$$Zn(s) \rightarrow Zn^{2+}(aq) + 2e^-$$
$$Cu^{2+}(aq) + 2e^- \rightarrow Cu(s)$$

このように，酸化と還元の半反応に分けて考えると，複雑な酸化還元反応も理解しやすい。具体例として，酸性溶液中における，過マンガン(VII)酸イオンと鉄(II)イオンの反応を示す。

$$5Fe^{2+}(aq) + MnO_4^-(aq) + 8H^+(aq) \rightarrow 5Fe^{3+}(aq) + Mn^{2+}(aq) + 4H_2O(l)$$

上記の反応式は，5個の電子のやりとりによって起こり，以下の半反応の組合せとして理解される。

$$MnO_4^-(aq) + 8H^+(aq) + 5e^- \rightarrow Mn^{2+}(aq) + 4H_2O(l)$$
$$5Fe^{2+}(aq) \rightarrow 5Fe^{3+}(aq) + 5e^-$$

酸化還元反応において，どちらが酸化され，どちらが還元されるかは，各半反応の標準電極電位 $E°$ によって決まる。**標準電極電位**(standard electrode potential) $E°$ とは，25℃における水素イオンの還元反応の電位 $E°_{H^+/H_2}$(0 V とおく)に対する電位のことで，水素イオン($1\,mol\,L^{-1}$)が水素ガス(1 atm)に還元される電位を基準とする相対電位である。

$$2H^+(aq) + 2e^- \rightarrow H_2(g) \qquad E° = 0\,V$$

各化学種のイオン反応式と標準電極電位を表6.5に示す。

表6.5 さまざまなイオン反応の標準電極電位(25℃)

半反応(還元型)	$E°$ [V]	半反応(還元型)	$E°$ [V]
$H_2O_2 + 2H^+ + 2e^- \rightarrow 2H_2O$	1.776	$AgCl + e^- \rightarrow Ag + Cl^-$	0.2224[*2]
$Ce^{4+} + e^- \rightarrow Ce^{3+}$	1.74	$S + 2H^+ + 2e^- \rightarrow H_2S(g)$	0.171
$MnO_4^- + 4H^+ + 3e^- \rightarrow MnO_2 + 2H_2O$	1.695	$Sn^{4+} + 2e^- \rightarrow Sn^{2+}$	0.154
$BrO_3^- + 6H^+ + 5e^- \rightarrow 0.5Br_2 + 3H_2O$	1.52	$Cu^{2+} + e^- \rightarrow Cu^+$	0.153
$MnO_4^- + 8H^+ + 5e^- \rightarrow Mn^{2+} + 4H_2O$	1.51	$2H^+ + 2e^- \rightarrow H_2$	0.000[*3]
$Cr_2O_7^{2-} + 14H^+ + 6e^- \rightarrow 2Cr^{3+} + 7H_2O$	1.29	$AgBr + e^- \rightarrow Ag + Br^-$	−0.071
$MnO_2 + 4H^+ + 2e^- \rightarrow Mn^{2+} + 2H_2O$	1.23	$Pb^{2+} + 2e^- \rightarrow Pb$	−0.129
$2IO_3^- + 12H^+ + 10e^- \rightarrow I_2 + 6H_2O$	1.195	$Sn^{2+} + 2e^- \rightarrow Sn$	−0.138
$Br_2(aq) + 2e^- \rightarrow 2Br^-$	1.065	$PbSO_4 + 2e^- \rightarrow Pb + SO_4^{2-}$	−0.355
$2Hg^{2+} + 2e^- \rightarrow Hg_2^{2+}$	0.920	$Cd^{2+} + 2e^- \rightarrow Cd$	−0.402
$Ag^+ + e^- \rightarrow Ag$	0.799	$Fe^{2+} + 2e^- \rightarrow Fe$	−0.440
$Hg_2^{2+} + 2e^- \rightarrow 2Hg$	0.789	$2CO_2(g) + 2H^+ + 2e^- \rightarrow H_2C_2O_4(aq)$	−0.49
$Fe^{3+} + e^- \rightarrow Fe^{2+}$	0.771	$Zn^{2+} + 2e^- \rightarrow Zn$	−0.763
$H_3AsO_4 + 2H^+ + 2e^- \rightarrow HAsO_2 + 2H_2O$	0.559	$Mn^{2+} + 2e^- \rightarrow Mn$	−1.18
$I_3^- + 2e^- \rightarrow 3I^-$	0.536	$Ti^{2+} + 2e^- \rightarrow Ti$	−1.63
$I_2(aq) + 2e^- \rightarrow 2I^-$	0.535	$Al^{3+} + 3e^- \rightarrow Al$	−1.662
$Cu^{2+} + 2e^- \rightarrow Cu$	0.337	$Na^+ + e^- \rightarrow Na$	−2.714
$Hg_2Cl_2 + 2e^- \rightarrow 2Hg + 2Cl^-$	0.2681[*1]	$K^+ + e^- \rightarrow K$	−2.925

[*1] カロメル電極，[*2] 銀-塩化銀電極，[*3] 水素電極

6.2 酸化と還元

標準電極電位 $E°$ は

$$\Delta G° = \Delta H° - T\Delta S°$$

および

$$\Delta G° = -nFE°$$

の関係式から熱力学的数値を用いて求められる。ここで，$\Delta G°$ はギブス標準自由エネルギー，$\Delta H°$ は標準エンタルピー，$\Delta S°$ は標準エントロピーである。さらに，T は絶対温度 [K]，n は移動する電子の数，$F = 96485 \text{ C mol}^{-1}$ はファラデー(Faraday)定数である。

また，酸化還元反応において，n モルの電子が反応に関与したとき，ギブス自由エネルギー ΔG と電極電位 E には以下の関係式が成り立つ。

$$\Delta G = -nFE \quad (\Delta G° = -nFE°)$$

これらの関係式を用いると，たとえば，Cs^+ の標準電極電位 $E°$ は，H^+ と Cs のイオン反応式に基づいて求めることができる。

$$Cs^+(aq) + \frac{1}{2}H_2(g) \rightarrow Cs(s) + H^+(aq)$$

ここで，Cs(s) の昇華エンタルピー $\Delta_s H° = 79 \text{ kJ mol}^{-1}$，Cs(g) のイオン化エンタルピー $I = 382 \text{ kJ mol}^{-1}$，$Cs^+$(g) の水和エンタルピー $\Delta_h H° = -264 \text{ kJ mol}^{-1}$ を用いると，ボルン-ハーバーサイクル(図6.7)から，$Cs(g) \rightarrow Cs^+(aq) + e^-(g)$ の溶解反応の標準エンタルピー変化 $\Delta H°$ は以下の値となる。

$$\Delta H° = 79 + 382 - 264 = 197 \text{ kJ mol}^{-1}$$

このとき，$T\Delta S° = 34 \text{ kJ mol}^{-1}$，および水素の溶解反応の標準エンタルピー変化 $\Delta H° = 445 \text{ kJ mol}^{-1}$ を用いると，以下の数値が得られる。

$$\Delta G° = \Delta H° - T\Delta S° = 197 - 445 - 34 = -282 \text{ kJ mol}^{-1}$$

$Cs^+ + e^- \rightarrow Cs$ の $E°$ を求めるので -282 kJ mol^{-1} の符号を逆転させてから，$\Delta G° = -nFE°$ に代入すると以下の値が求められる。

$$E° = \frac{-282000}{1 \times 96485} = -2.92 \text{ V}$$

以上のことから，標準電極電位 $E°$ が大きいイオン反応式ほど「還元反応」が進行しやすいため，酸化還元反応では還元されやすく，他方の反応は酸化されやすいことが理解できる。

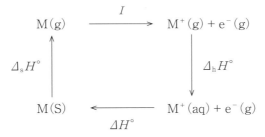

図 6.7 金属 M の水への溶解反応に関するボルン-ハーバーサイクル

6.2.2 標準起電力とネルンスト式

(a) 標準起電力

Cu^{2+} と Zn^{2+} の各金属への還元反応において，標準電極電位 $E°$ は以下のようになる。

$$Cu^{2+}(aq) + 2e^- \rightarrow Cu(s) \qquad E° = +0.34 \text{ V}$$
$$Zn^{2+}(aq) + 2e^- \rightarrow Zn(s) \qquad E° = -0.76 \text{ V}$$

$E°_{Cu^{2+}/Cu}$ のほうが $E°_{Zn^{2+}/Zn}$ よりも高い電位をもつため，Cu^{2+} と Zn（単体）の間では以下の反応式に従って自発的な酸化還元反応が起こる。

$$Cu^{2+}(aq) + Zn(s) \rightarrow Cu(s) + Zn^{2+}(aq) \qquad E° = +1.1 \text{ V}$$

この酸化還元反応はダニエル電池の全反応であり，たとえば，正極に銅（Cu）板と硫酸銅（$CuSO_4$）水溶液を，負極に亜鉛（Zn）板と硫酸亜鉛（$ZnSO_4$）水溶液を用いることで起電力（標準起電力 +1.1 V）が得られる（図 6.8）。

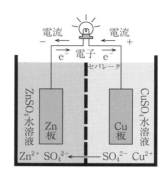

図 6.8 ダニエル電池

Cu^{2+} よりも高い電位をもつ Ag^+ と組み合わせると，以下の反応のように，2 電子反応によって Cu が酸化される。この反応の起電力（$E° = +0.46$ V）を算出するとき，$E°_{Ag^+/Ag} = +0.80$ V の値を 2 倍しなくてよい。これは，標準電極電位 $E°$ が，前述したように，イオン化エネルギーなどの熱力学的データから得られる値であるため係数の影響は受けないためである。

$$Cu^{2+}(aq) + 2e^- \rightarrow Cu(s) \qquad E° = +0.34 \text{ V}$$
$$Ag^+(aq) + e^- \rightarrow Ag(s) \qquad E° = +0.80 \text{ V}$$
$$2Ag^+(aq) + Cu(s) \rightarrow 2Ag(s) + Cu^{2+}(aq) \qquad E° = +0.46 \text{ V}$$

標準電極電位の値が大きい化学種ほど還元されやすくなる。以下に示すように，フッ素分子（F_2）は強力な酸化剤である。一方，リチウムイオン（Li^+）の標準電極電位は負の値であり，リチウムの単体は強い還元剤である。

$$\frac{1}{2}F_2(g) + e^- \rightarrow F^-(aq) \qquad E° = +2.80 \text{ V}$$
$$Li^+(aq) + e^- \rightarrow Li(s) \qquad E° = -3.04 \text{ V}$$

(b) ネルンスト式

イオン種どうしの酸化還元反応において，その電気的仕事は反応の自由エネルギー変化 ΔG で表される。

$$a\mathrm{A} + b\mathrm{B} \rightleftarrows c\mathrm{C} + d\mathrm{D}$$

$$\Delta G = \Delta G^\circ + RT \ln \frac{a_\mathrm{C}^c \cdot a_\mathrm{D}^d}{a_\mathrm{A}^a \cdot a_\mathrm{B}^b}$$

ここで，ΔG°：ギブス標準自由エネルギー変化，R：気体定数 $(8.314\,\mathrm{J\,K^{-1}\,mol^{-1}})$，$T$：絶対温度 [K]，$a$ は活量 ($a = \gamma C$，γ：活量係数，C：濃度) である。

これら上記2つの ΔG の式から，

$$-nFE = -nFE^\circ + RT \ln \frac{a_\mathrm{C}^c \cdot a_\mathrm{D}^d}{a_\mathrm{A}^a \cdot a_\mathrm{B}^b}$$

整理すると，以下の**ネルンスト**(Nernst)**式**が得られる。

$$E = E^\circ - \frac{RT}{nF} \ln \frac{a_\mathrm{C}^c \cdot a_\mathrm{D}^d}{a_\mathrm{A}^a \cdot a_\mathrm{B}^b}$$

希薄溶液では，活量係数 $\gamma = 1$ とみなせるので，以下のようになる。

$$E = E^\circ - \frac{RT}{nF} \ln \frac{[\mathrm{C}]^c [\mathrm{D}]^d}{[\mathrm{A}]^a [\mathrm{B}]^b}$$

このように，電極電位 E は，標準電極電位 E° とは異なり，濃度や温度に依存する。特に，$T = 25\,°\mathrm{C}$ (298.15 K) のとき，以下のように簡易に示すことがある。

$$E = E^\circ - \frac{0.059}{n} \ln \frac{[\mathrm{C}]^c [\mathrm{D}]^d}{[\mathrm{A}]^a [\mathrm{B}]^b}$$

たとえば，次のイオン反応式

$$\mathrm{MnO_4^-}(aq) + 8\mathrm{H^+}(aq) + 5e^- \to \mathrm{Mn^{2+}}(aq) + 4\mathrm{H_2O}(l)$$

をネルンスト式にあてはめると，以下のネルンスト式が得られる。

$$E = 1.51 - \frac{RT}{5F} \ln \frac{[\mathrm{Mn^{2+}}]}{[\mathrm{MnO_4^-}][\mathrm{H^+}]^8}$$

これから，過マンガン酸イオンは溶液の酸性が弱くなるほど ($[\mathrm{H^+}]$ が小さくなるほど)，酸化剤としてのはたらきが弱くなることがわかる。

表6.5に示したさまざまなイオン反応式の標準電極電位は，水素電極 $\mathrm{H^+/H_2}$ ($E^\circ = 0\,\mathrm{V}$) に対する値である。しかし，水素電極は装置が大がかりになるため，実験的には，銀/塩化銀電極 AgCl/Ag ($E^\circ = 0.222\,\mathrm{V}$) が用いられる (図6.9)。この電極のイオン反応式とネルンスト式は，$a_\mathrm{AgCl} = a_\mathrm{Ag} = 1$ なので，以下のようになる。

$$\mathrm{AgCl(s)} + e^- \to \mathrm{Ag(s)} + \mathrm{Cl^-}$$

$$E = E^\circ - \frac{RT}{F} \ln a_\mathrm{Cl^-}$$

これより，銀／塩化銀電極の電位は，塩化物イオン濃度に依存することがわかる。

・水の酸化と還元

$\mathrm{O_2/H_2O}$ 系の半反応は，酸性溶液において，

$$\mathrm{O_2} + 4\mathrm{H^+} + 4e^- \to 2\mathrm{H_2O} \qquad (E^\circ = +1.23\,\mathrm{V})$$

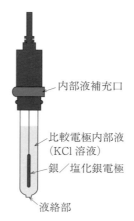

図6.9 銀／塩化銀電極

である。酸素分圧 $p_{O_2}=1\,\mathrm{atm}$ のとき，これをネルンスト式にあてはめると以下のようになり，pHによって電位 E は変化する。

$$E = E° + \frac{RT}{4F}\ln a_{H^+}{}^4 = 1.23 - 2.303\frac{RT}{F}\,\mathrm{pH}$$

また，H_2O/H_2 系の半反応は，酸性溶液において，$H^+ + e^- \rightarrow 1/2\,H_2$ である。水素分圧 $p_{H_2}=1\,\mathrm{atm}$ のとき，これをネルンスト式にあてはめると，以下のようになり，pHに対する電位 E は，O_2/H_2O 系と同様の傾き（$-2.303\,RT/F = -0.059$）である。

$$E = E° + \frac{RT}{F}\ln a_{H^+} = -2.303\frac{RT}{F}\,\mathrm{pH}$$

E とpHの関係を図6.10に示す。この図（**プールベ（Pourbaix）図**）は水の安定領域を示している。(1)の線は，O_2/H_2O 系の直線（傾き -0.059，切片 1.23）を示しており，(2)の線は，H_2O/H_2 系の直線（傾き -0.059，切片 0）を示している。

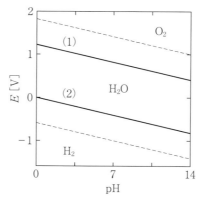

図6.10 水のプールベ図

6.2 酸化と還元

水分子は，酸化あるいは還元される際に大きな構造変化をともなうため，酸化還元に必要な活性化エネルギーが大きい（過電圧が大きい）。そのため，実際には，水の安定領域は点線まで拡張される。点線を超えると酸素あるいは水素が発生する（水が分解される）。

・電池の起電力と平衡定数

単純な電池の起電力はネルンスト式から算出できる。たとえば，ダニエル電池の起電力 E は，活量 a（$a = \gamma C$，γ：活量係数，C：濃度）を用いると，以下のネルンスト式から求められる。

$$Cu^{2+}(aq) + Zn(s) \rightarrow Cu(s) + Zn^{2+}(aq) \qquad E° = +1.1 \text{ V}$$

$$E = E° - \frac{RT}{2F} \ln \frac{a_{Zn^{2+}}{}^2}{a_{Cu^{2+}}{}^2}$$

ここで，固体（Cu と Zn）は活量 $a=1$ なので，上式には記載していない。これより，活量比 $\frac{a_{Zn^{2+}}}{a_{Cu^{2+}}}$ が小さいほど E の値が増加することがわかる。

一方，この酸化還元反応が，以下のような平衡状態に達すると，

$$Cu^{2+}(aq) + Zn(s) \rightleftarrows Cu(s) + Zn^{2+}(aq)$$

起電力は $E=0$ となる。ここで，$\frac{a_{Zn^{2+}}}{a_{Cu^{2+}}} = K$（平衡定数）とおくと，

$$E° = \frac{RT}{2F} \ln K$$

となり，これを変形すると，以下の関係式が得られる。

$$K = \exp\left(\frac{2FE°}{RT}\right)$$

この式より，平衡定数 K は標準起電力 $E°$ が高いほど増大することがわかる。また，

$$\Delta G° = -RT \ln K$$

より，K が大きいほど，酸化還元反応が自発的に進行しやすいことがわかる。

ダニエル電池（$E° = 1.1$ V）では，$T = 298$ K における平衡定数は $K = 1.6 \times 10^{37}$ ときわめて大きい値を示す。

酸化還元滴定において，平衡定数 K の大きさは滴定反応がどれだけ平衡論的に進行しやすいかをみるうえで重要である。そのため，標準電極電位の大きい Ce^{4+}/Ce^{3+}，MnO_4^-/Mn^{2+}，$Cr_2O_7^{2-}/Cr^{3+}$ など（表6.5参照）は，酸化剤としてよく用いられる。

6.2.3 ギブス標準自由エネルギーと標準電極電位

次のイオン反応式の $E° = +0.46$ V を，$\Delta G° = -nFE°$ から導いてみる。

$$2Ag^+(aq) + Cu(s) \rightarrow 2Ag(s) + Cu^{2+}(aq)$$

以下の半反応の $\Delta G_1°$ は，$\Delta G_1° = -2FE_1° = -1.60F$ となる。

$$2Ag^+(aq) + 2e^- \rightarrow 2Ag(s) \qquad E_1° = +0.80 \text{ V}$$

また，以下の半反応の $\Delta G_2°$ は，$\Delta G_2° = -2FE_2° = +0.68F$ となる。

$$Cu(s) \rightarrow Cu^{2+}(aq) + 2e^- \qquad E_2° = -0.34 \text{ V}$$

よって，全反応の $\Delta G° = \Delta G_1° + \Delta G_2°$ は，
$$\Delta G° = -1.60F + 0.68F = -0.92F$$
となる。この値から標準電極電位 $E°$ は以下のように求まる。
$$E° = \frac{-\Delta G°}{nF} = \frac{-(-0.92F)}{2F} = +0.46 \text{ V}$$
これは $E_1 - E_2 = 0.80 - 0.34 = 0.46$ V と一致する。

次に，Fe^{3+} から Fe への還元反応の標準電極電位 $E°$ を考える。
$$Fe^{3+}(aq) + 3e^- \rightarrow Fe(s)$$
これは，Fe^{3+} から Fe^{2+} への標準電極電位 $E_1°$ と Fe^{2+} から Fe への標準電極電位 $E_2°$ から得られる。
$$Fe^{3+}(aq) + e^- \rightarrow Fe^{2+}(aq) \quad E_1° = +0.77 \text{ V} \ (\Delta G_1° = -0.77F)$$
$$Fe^{2+}(aq) + 2e^- \rightarrow Fe(s) \quad E_2° = -0.44 \text{ V} \ (\Delta G_2° = +0.88F)$$
2つの半反応式を足し合わせると，ギブス標準自由エネルギー変化は，$\Delta G° = \Delta G_1 + \Delta G_2 = -0.77F + 0.88F = +0.11F$ となり，
$$E° = \frac{-\Delta G°}{nF} = \frac{-(+0.11F)}{3F} = -0.04 \text{ V}$$
が得られる。

一般に，2つの半反応式を足し合わせることで得られる標準電極電位は以下のようになる。
$$E° = \frac{-\Delta G°}{nF} = \frac{-(n_1 E_1 + n_2 E_2)}{n_1 + n_2}$$
ここで，2つの還元反応の標準電極電位 E_1 および E_2 における，各反応に関与する電子の物質量はそれぞれ n_1 および n_2 である。

6.2.4 不均化反応

不均化反応とは，ある化学種が，酸化されて生じる化学種と還元されて生じる化学種に自発的に変化する反応である。

たとえば，塩基性溶液中においては，Cl_2 は Cl^- および ClO_3^- に不均化する。この不均化反応では，0価の Cl_2 が-1価の Cl^- に還元され，かつ+5価の ClO_3^- に酸化される反応である。ここで，Cl_2 が Cl^- に還元されるイオン反応式は以下のようになり，その標準電極電位は+1.36 V である。
$$Cl_2(aq) + 2e^-(aq) \rightarrow 2Cl^-(aq) \quad E_1° = +1.36 \text{ V} \quad ①$$
また，ClO_3^- の Cl_2 への還元反応式は以下のようになり，その標準電極電位は+0.48 V である。
$$2ClO_3^-(aq) + 6H_2O(l) + 10e^- \rightarrow Cl_2(aq) + 12OH^-(aq) \quad E_2° = +0.48 \text{ V} \quad ②$$
これら $E_1°$ と $E_2°$ を比べると式①の $E_1°$ のほうが大きい。そこで，①×5 − ② によって，以下の式③が導かれる。
$$3Cl_2 + 6OH^-(aq) \rightarrow 5Cl^-(aq) + ClO_3^-(aq) + 3H_2O(l) \quad ③$$
このイオン反応の標準電極電位 $E°$ は，$E_1° - E_2° = +0.88$ V である。$\Delta G° = -nFE°$ より，

6.2 酸化と還元

式③が自発的に進行することがわかる（$\Delta G° < 0$）。すなわち，塩基性水溶液中において，Cl_2 は Cl^- と ClO_3^- に不均化反応を起こす。

Cl_2 から ClO_3^- への酸化反応のイオン反応式は，塩基性水溶液下では，以下のように導ける。まず，水分子を加えて酸素原子の数だけをつり合わせ，

$$Cl_2(aq) + 6H_2O(l) \rightarrow 2ClO_3^-(aq)$$

とする。次に，塩素性水溶液なので，左辺の H_2O と同数の H^+ を加え，さらに電荷補償のために両辺に OH^- を加え，

$$Cl_2(aq) + 6H_2O(l) + 12OH^-(aq) \rightarrow 2ClO_3^-(aq) + 12H^+(aq) + 12OH^-(aq)$$

最後に，$H^+ + OH^- = H_2O$ なので，整理すると以下のイオン反応式が完成する。

$$Cl_2(aq) + 12OH^-(aq) \rightarrow 2ClO_3^-(aq) + 6H_2O(l) + 10e^-$$

6.2.5 ラチマー図

ある元素に関連した化学種の組の標準電位は，**ラチマー**（Latimer）**図**で表される。一対の化学種間の数字はそれらの化学種を含む還元半反応の標準還元電位である。化学種から対応するイオン半反応式を書くことができる。

（a）　酸性溶液中の鉄のラチマー図（図6.11）

図6.11より，Fe^{3+} の Fe^{2+} への還元反応式は以下になる。

$$Fe^{3+}(aq) + e^- \rightarrow Fe^{2+}(aq) \qquad E° = +0.77 \text{ V}$$

鉄酸イオン（FeO_4^{2-}）の還元反応式は，水を加えて酸素の数にあわせ，加えた水の中に含まれる水素の数を H^+ によってあわせ，最終的に電子で電荷補償して導く。

$$FeO_4^{2-}(aq) + 8H^+(aq) + 3e^- \rightarrow Fe^{3+}(aq) + 4H_2O(l) \qquad E° = +2.20 \text{ V}$$

この反応の大きい標準電極電位は，FeO_4^{2-} が強い酸化剤であることを示している。

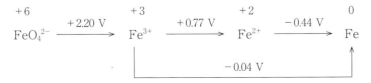

図6.11　鉄のラチマー図（酸性溶液）

（b）　酸性溶液中の酸素のラチマー図（図6.12）

過酸化水素 H_2O_2 の H_2O への標準電極電位は $+1.78$ V であることから，H_2O_2 は強い酸化剤である。したがって，H_2O_2 は Fe^{2+} を Fe^{3+} に酸化する。

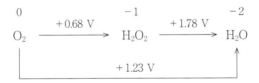

図6.12　酸素のラチマー図（酸性溶液）

また，H_2O_2 から H_2O へのイオン反応式とその還元電位，および O_2 へのイオン反応式とその酸化電位は，それぞれ以下のようになる。

$$H_2O_2(aq) + 2H^+(aq) + 2e^- \to 2H_2O(l) \quad E° = +1.78\text{ V}$$

$$H_2O_2(aq) \to O_2(g) + 2H^+(aq) + 2e^- \quad E° = -0.68\text{ V}$$

2つの半反応式を足し合わせると，全反応は次のようになる。

$$2H_2O_2(aq) \to 2H_2O(l) + O_2(g) \quad E° = +1.10\text{ V}$$

全反応は正の値の電位をもつことから自発的に起こり，酸性溶液中において，H_2O_2 は H_2O と O_2 に不均化することがわかる。

【補足】 平衡論的には，H_2O_2 の不均化反応が進行することは容易に理解できるが，実際のところ，速度論的には非常に遅い。ただし，ヨウ化物イオンや遷移金属イオン等の触媒が存在すると，この不均化反応は速やかに進行する。

(c) **酸性溶液中における塩素のラチマー図（図 6.13）**

$2ClO_3^-$(aq) から Cl_2 への標準電極電位は $+1.47\text{ V}$ であり，Cl_2 から Cl^- への標準電極電位は $+1.36\text{ V}$ である。このため，酸性溶液中においては，Cl_2 は不均化しない。

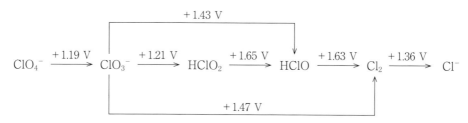

図 6.13 塩素のラチマー図（酸性溶液）

6.2.6 エリンガム図

図 6.14 は，酸化物生成の $\Delta G°$ の温度依存性を示しており，**エリンガム**（Ellingham）**図**とよばれる。$\Delta G° = \Delta H° - T\Delta S°$ の関係から，図中の傾きは $\Delta S°$ に対応している。

図中の CO_2 の線は，

$$C(s) + O_2(g) \to CO_2(g) \quad \cdots ①$$

の $\Delta G°$ の温度変化を示しており，ほぼ横軸に水平になっている。この反応のエントロピー変化は，気体の物質量変化がなく，とても小さいため（$3\text{ J mol}^{-1}\text{K}^{-1}$），横軸にほぼ水平な線となっている。

一方，図中の CO の線は，

$$2C(s) + O_2(g) \to 2CO(g) \quad \cdots ②$$

の $\Delta G°$ の温度変化を示しており，気体の物質量が 2 倍になっていることから，エントロピー変化が大きい（$213\text{ J mol}^{-1}\text{K}^{-1}$）。そのため，直線は大きく右に傾いている。

CO_2 の線と CO の線は，1000 ℃付近で交差している。これは，CO の生成反応②が 1000 ℃以上では CO_2 の生成反応①よりも熱力学的に有利であることを示している。

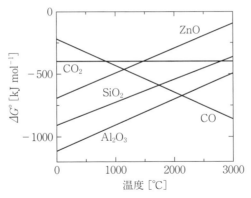

図 6.14 エリンガム図

SiO₂ の線は，

$$\mathrm{Si(s) + O_2(g) \rightarrow SiO_2(s)}$$

の反応を示している。気体の物質量が減少するので，エントロピー変化は負となるため（$-183\,\mathrm{J\,mol^{-1}\,K^{-1}}$），図中の傾きは右上がりとなる。

1800 ℃付近で SiO₂ の線は CO の線と交差し，交差の温度以上では，CO の線が下になる。このことは，SiO₂ が以下の反応式で還元されることを示している。

$$\mathrm{SiO_2(s) + C(s) \rightarrow Si(s) + CO_2(g)}$$

演習問題 6

[1] $0.1\,\mathrm{mol\,L^{-1}}$ の炭酸ナトリウム水溶液の pH を計算しなさい。ただし，炭酸の酸解離定数は $\mathrm{p}K_{\mathrm{a1}} = 6.46$ および $\mathrm{p}K_{\mathrm{a2}} = 10.25$ とする。

[2] $0.05\,\mathrm{mol\,L^{-1}}$ のリン酸二水素ナトリウム水溶液 60 mL に $0.05\,\mathrm{mol\,L^{-1}}$ のリン酸 30 mL を加えた溶液 A の pH はいくらか。また，この溶液に $0.2\,\mathrm{mol\,L^{-1}}$ の HCl 10 mL を加えた溶液 B の pH はいくらか。ただし，リン酸の酸解離定数は $\mathrm{p}K_{\mathrm{a1}} = 2.12$ とする。

[3] 次の文章を読んで，以下の問いに答えなさい。

酸または塩基を加えても，あるいは，希釈しても，その pH がほとんど変化しない溶液を（ア）という。互いに（イ）である一組の酸塩基の混合溶液は（ア）となる。つまり，酸は加えられた水酸化物イオンと反応し，同様に（イ）塩基は加えられた水素イオンと反応する。たとえば，アンモニアと塩化アンモニウムの混合溶液は，典型的な（ア）であり，加えられた水素イオンや水酸化物イオンとは，次の反応式

$$\mathrm{NH_3 + H_2O \rightarrow NH_4^+ + OH^-} \quad \cdots ①$$
$$\mathrm{NH_4^+ + OH^- \rightarrow CH_3COO^- + H_2O} \quad \cdots ②$$

に従って反応する。K_a を酢酸の酸解離定数とすると，この溶液の pH は

$$\mathrm{pH} = \mathrm{p}K_\mathrm{a} + \log(\text{ウ}) \quad \cdots ③$$

であるから，（ウ）の値が（エ）倍変化しても pH は 1 しか増加しない。

(1) （ア）〜（エ）に最も適当な語句，数値または式を答えなさい。

(2) 酸 HA を NaOH 水溶液で滴定する場合，滴定前の HA の物質量を n_A [mmol]，加えた強塩基の物質量 n_Na [mmol]，溶液の体積を V [mL] とする。HA および A⁻ の濃度を n_A，n_Na および V を用いて表しなさい。ただし，$n_\mathrm{A} > n_\mathrm{Na}$ とする。

(3) (2)で求めた HA および A$^-$ の濃度を式③に代入し，n_{Na} で微分すれば，滴定曲線の勾配 dpH/dn_{Na} が求まる。dpH/dn_{Na} を n_A および n_{Na} を用いて表しなさい。

[4] 0.3 mol L^{-1} の水酸化ナトリウムで滴定する場合，滴定量が最も多くなるものはどれか。
 (1) 0.3 mol L^{-1} の塩酸 10 mL
 (2) 0.3 mol L^{-1} の硫酸 10 mL
 (3) 0.6 mol L^{-1} の酢酸 15 mL（電離度は 0.2）

[5] 濃度 0.2 mol L^{-1} の弱酸 20 mL を 0.2 mol L^{-1} の水酸化ナトリウム（電離度 1）で滴定したところ 3.0 mL が必要であった。この弱酸の電離度を求めなさい。

[6] 酸性溶液中における HClO から Cl$^-$ への直接還元反応の式を書け。また，その標準電極電位を求めなさい。

[7] 酸性溶液中の Fe^{2+} は，Fe^{3+} と Fe に不均化するか。Fe のラチマー図を用いて説明しなさい。

[8] Cu^{2+} の活量 a = 0.1，Zn^{2+} の活量 a = 0.2 のとき，ダニエル電池の起電力および平衡定数を算出しなさい。このとき，絶対温度 T = 300 K，気体定数 R = 8.314 J K^{-1} とする。

[9] エリンガム図から，ZnO が CO で還元される温度を読み取りなさい。また，その反応式を示しなさい。

参 考 文 献

1) 斎藤一夫，分析化学，**20**，924（1971）．
2) 高橋康之・澤村修治・広川載泰・野一色剛・寺村公佑，特開 2011-235222, 2011-11-24.
3) L. Fabbrizzi, A. Poggi, *Chem. Soc. Rev.*, **42**, 1681（2013）．
4) E.G. Hafsteinsdóttir, D. Camenzuli, A.L. Rocavert, J. Walworth, D.B. Gore, *Appl. Geochem.*, **59**, 47（2015）．

7

無機化学と現代社会とのかかわり
——今後の学習のために——

7.1 燃料電池と無機材料——イオン伝導と格子欠陥——

7.1.1 はじめに

　燃料電池は，燃料（たとえば水素や都市ガス）のもつ化学エネルギーを直接電気エネルギーに変換する「電気化学」デバイスである。家庭用燃料電池システム程度の小容量でも大型火力発電所並みに発電効率が高く，電力とあわせて排熱も有効利用することで燃料のもつ化学エネルギーを無駄にすることなく利用することが可能であることから，さまざまな用途への利用・適用が期待されている。表7.1には，燃料電池の種類とその特徴を示した。各燃料電池の名称には，利用されている電解質材料の種類が用いられている。現在，日本で最も精力的に研究が進められているのは，**固体高分子形燃料電池**（Polymer Electrolyte Fuel Cell, PEFC）と**固体酸化物形燃料電池**（Solid Oxide Fuel Cell, SOFC）であり，前者は家庭用燃料電池システムや燃料電池自動車として，後者は家庭用燃料電池システムや業務用燃料電池システムとして実用化されている。

　燃料電池は，ある特定のイオンのみを電荷担体として通す材料を電解質として用い，それをはさむように電極材料が配置され，セルとよばれる1つの基本単位を構成する。このセルをインターコネクタとよばれる材料で連結することで，セルを集積し大きな出

表7.1　さまざまな燃料電池の比較

	固体高分子形燃料電池	りん酸形燃料電池	溶融炭酸塩形燃料電池	固体酸化物形燃料電池
電解質材料	固体高分子膜（固体）	りん酸水溶液（液体）	溶融炭酸塩（液体）	ジルコニア系セラミックス（固体）
運転温度	70〜90℃	180〜200℃	600〜700℃	650〜1000℃
発電効率(HHV)	30〜40%	35〜42%	約40〜50%	約40〜65%
想定出力	〜100 kW	〜1000 kW	100〜10万 kW	1〜10万 kW
想定用途	家庭用 小型業務用 自動車用 携帯端末用	業務用 工業用	工業用 分散電源用 火力代替	家庭用 業務用 工業用 分散電源用 火力代替

力を取り出す。燃料電池の作動温度は電解質材料がイオン伝導性を示す温度となり，特徴も電解質材料の特徴に由来するところが多い。固体酸化物形燃料電池は，電解質材料であるジルコニア系セラミックスが十分な酸化物イオン伝導を示す温度域が 650℃～1000℃であることから，運転温度がそのような高温度域となっている。

7.1.2 固体酸化物形燃料電池の特徴と材料

固体酸化物形燃料電池は，電解質に酸化物イオン(O^{2-})のみを通す酸化物セラミックスを用いている。その作動原理の模式図を図 7.1 に示す。水素を燃料とした固体酸化物形燃料電池における電気化学反応は，

空気極反応：$O_2 + 4e^- \rightarrow 2O^{2-}$

燃料極反応：$2O^{2-} + 2H_2 \rightarrow 2H_2O + 4e^-$

全反応：$2H_2 + O_2 \rightarrow 2H_2O$

と表される。空気極における電気化学反応で生成した酸化物イオン(O^{2-})が電解質を介して燃料極側へと輸送され，水素(H_2)と酸化物イオンからの水の生成反応によって消費される。これにともない，燃料極で電子が生成し，空気極側で電子が消費されるが，この電子が外部回路を通ることで外部に電力が供給される。電解質を酸化物イオンが通過することで発電が進むため，燃料としては水素以外にも，酸素と結びついてより安定な物質となるもの，たとえば，メタン(CH_4)や一酸化炭素(CO)も理論上，燃料として利用できるという特徴がある。

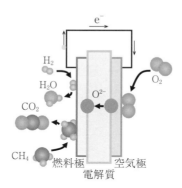

図 7.1　固体酸化物形燃料電池(SOFC)の構成の模式図

7.1.3 安定化ジルコニアにおける酸化物イオン伝導

固体酸化物形燃料電池の電解質として，最も一般的に用いられているのが**イットリア安定化ジルコニア(Yttria Stabilized Zirconia, YSZ)** である。YSZ は高い酸化物イオン伝導度，高い酸化物イオン輸率，高い化学的安定性，高い機械的強度と，電解質として必要な性質を高い次元でクリアする材料の一つである。ここでは，YSZ を例に，イオン伝導性と結晶構造との関係について述べる。

YSZ は，酸化ジルコニウム(ジルコニア，ZrO_2)に酸化イットリウム(イットリア，Y_2O_3)を添加した材料である。**ZrO_2-Y_2O_3 擬二元系状態図**を図 7.2 に示す。酸化ジルコニウ

7.1 燃料電池と無機材料——イオン伝導と格子欠陥——

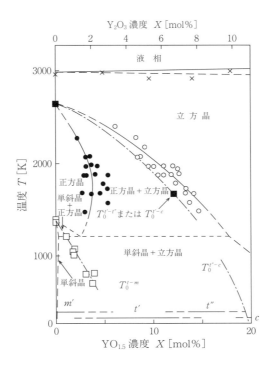

図 7.2 ZrO_2-Y_2O_3擬二元系状態図[1]。T_0：相転移温度（安定→準安定相関），t''：擬立方晶の準安定相，t'：正方晶の準安定相，m'：単斜晶の準安定相，t：安定な正方晶相（安定状態図上の正方晶相），m：安定な単斜晶相（安定状態図上の単斜晶層），c：安定な立方晶相（安定状態図上の立方晶相）。

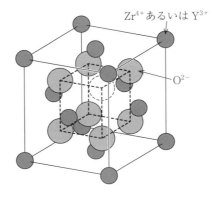

図 7.3 安定化ジルコニアの結晶構造：蛍石型構造。イットリア（Y_2O_3）の添加により酸素空孔が格子欠陥として導入される。

ムは通常，バッデリ石(baddeleyte)とよばれる蛍石型構造(図7.3, 2.4節参照)に類似した単斜晶の構造をとる。通常の立方晶蛍石型構造では，陽イオン1つに陰イオンが8つ配位しているが，単斜晶構造では陽イオン1つに酸化物イオンが7つ配位している。これは，陽イオンであるZr^{4+}の大きさが，陰イオンであるO^{2-}が8配位をとるには少し小さいことに起因する。高温(約1400 K以上)になると，正方晶相が安定相となり，さらに高温(約2600 K以上)では，蛍石型の立方晶相が安定となる。これら高温で安定な相では，酸化物イオンの位置に欠陥(酸素空孔)が生じることで，見かけのZrイオンの配位数が減少していると考えられる。酸化ジルコニウムに酸化イットリウムを添加すると，高温で安定な蛍石型立方晶相が安定な温度域が低温側まで広がる。固体酸化物形燃料電池の電解質としては，イオン伝導度が最も高い8 mol%のY_2O_3を添加したZrO_2(8YSZと記す)がよく利用されている。この組成では，一度高温で安定な立方晶相を作製すると，室温でも立方晶相を保持した材料が得られる。このように高温で安定な立方晶相が低温でも保持されていることから，(立方晶)**安定化ジルコニア**とよばれる。

では，なぜ安定化ジルコニアが高いイオン伝導度を示すのか。化学式からわかるように，ZrO_2は基本的に$+4$価のZrイオン(Zr^{4+})と2つの-2価の酸化物イオン(O^{2-})からなる化合物とみることができる。一方，Y_2O_3は2つの$+3$価のYイオン(Y^{3+})と3つの-2価の酸化物イオン(O^{2-})からなるとみなせる。ZrO_2にY_2O_3を添加すると，本来Zr^{4+}が占めるはずの陽イオンの格子点を価数の小さいY^{3+}が占めることになる。このとき，結晶内において電気的な中性を保つため，マイナス電荷をもつ酸化物イオンの格子点に空孔が生じる。この反応を欠陥記号(補足参照)を用いて式で表すと以下のようになる。

$$Y_2O_3 \,(\text{in } ZrO_2) \rightarrow 2Y_{Zr}' + 3O_O^{\times} + V_O^{\cdot\cdot}$$

2つのZr^{4+}のサイトをY^{3+}が占めることで，酸素空孔が1つ生成されることがよくわかる。YSZにおける酸化物イオンの伝導は，この酸素空孔を介して起こる。図7.4に，酸素空孔を介した酸化物イオン伝導のイメージ図を示す。酸化物イオンが矢印のように，隣の空孔サイトに「ジャンプ」すると，空孔は酸化物イオンがもといた位置に移動するので，空孔が移動している，ともみなすことができる。このように酸素空孔を介して次々と酸化物イオンが「ジャンプ」することで，酸化物イオン伝導が起こる。このようなイオンの「ジャンプ」をともなった伝導機構を**ホッピング伝導機構**とよぶ。

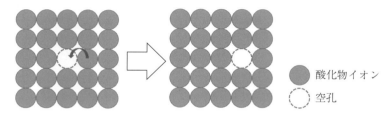

図7.4　ホッピング伝導機構のイメージ。酸素空孔が移動しているようにみえる。

このように格子点間をイオンがジャンプして移動するには，あるエネルギー障壁を越える必要がある．図7.5には，格子点間をジャンプする酸化物イオンと活性化エネルギーの関係の模式図を示す．格子点間を移動するには活性化エネルギーというエネルギー障壁を越える必要がある．また，格子点間のジャンプと格子振動には深い関連があり，温度が高くなり格子振動が激しくなると，障壁を越える頻度が高くなる．これは，イオン伝導度が高温ほど高くなることを示しており，縦軸を伝導度と温度の積の対数，横軸を温度の逆数としてグラフにプロットすると(アレニウスプロットとよばれる)，その傾きから活性化エネルギーを求めることができる．図7.6にSOFCで用いられる代表的な電解質材料における電気伝導度の温度依存性(アレニウスプロット)を示す．

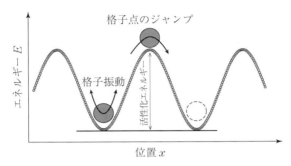

図7.5 ホッピング伝導における活性化エネルギー．格子点間をジャンプするには障壁(活性化エネルギー)を越える必要がある．

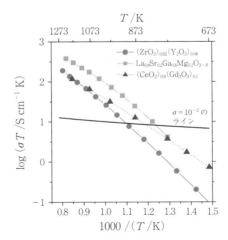

図7.6 固体酸化物形燃料電池電解質材料の電気伝導度

8YSZでは，8 mol%と高い濃度の酸素空孔が結晶中に形成されることで，酸素空孔を介した酸化物イオンのジャンプが高頻度で起こり，高い酸化物イオン伝導度を示すと考えられる．一方，さらに高濃度のY_2O_3を添加すると，酸素空孔濃度が増加するにもかかわらず，酸化物イオン伝導度は低下する．これは，＋(プラス)の有効電荷をもつ$V_O^{\cdot\cdot}$と－(マイナス)の有効電荷をもつY_{Zr}'の結晶内の濃度が増加することで互いにクー

ロン力により引きつけあい，移動しにくくなるとともに，イオン半径の異なる陽イオンや酸素空孔がより規則的な構造をとることで安定化することが原因としてあげられる。

このように格子中の欠陥を制御することが，無機材料における特徴的な物性（ここでは高い酸化物イオン伝導度）の発現にとって非常に重要であることがわかる。

【補足】 欠陥記号　格子中に生成される欠陥の表記方法として，クレーガー（Kröger）とビンク（Vink）により提唱された記号を一般的に使う。金属酸化物（MO）における欠陥の表記方法は以下のとおりとなる。

- V_O ：酸素空孔
- V_M ：金属空孔
- O_i ：格子間酸素
- M_i ：格子間金属

さらに格子点における有効電荷も考慮した場合，以下のような表記となる。

- $O_O^{\times}$ ：酸素格子点（正規位置）に存在する酸化物イオン
- $M_M^{\times}$ ：金属格子点（正規位置）に存在する金属イオン
- $V_O^{\cdot\cdot}$ ：酸素格子点の酸素空孔（有効電荷 +2）
- V_M' ：金属格子点の金属空孔（有効電荷 −1）
- N_M'' ：M^{4+} 金属格子点に存在する N^{2+} 金属イオン（有効電荷 −2）

有効電荷は上つき記号で表し，中性（有効電荷 0）を表すのに × を用いる。'（ダッシュ）はマイナスの有効電荷を，˙（ドット）はプラスの有効電荷を表し，電荷の数にあわせて記号を重ね書きする。

発展コラム：固体酸化物形燃料電池（SOFC）を組み上げるには？〜材料の選択〜

固体酸化物形燃料電池は，すべての材料が無機材料である酸化物セラミックスと金属で構成される。表7.2 に，固体酸化物形燃料電池に用いられる各種材料と，要求される性能を示す。図7.1 に示すように，セルはこれら材料の積層体であるため，各材料がそもそも作動温度や作動環境下で化学的・機械的に安定であること，他の材料との接合界面で反応物を生成しない（化学的両立性）こと，熱膨張係数が各材料間で大きく違わないこと，が求められる。熱膨張係数が大きく異なると，運転温度（700 ℃程度）までの昇温時に材料界面での剥離や材料が破壊するといった問題が起きる。

表7.2　固体酸化物形燃料電池に用いられる代表的な材料と求められる性質

	材　料	機能，形態
電解質	イットリア安定化ジルコニア ランタンガレード 希土類添加セリア	高い酸化物イオン伝導度 高い酸化物イオン輸率 高い安定性（燃料雰囲気〜空気） 高い緻密性 高い機械的強度
空気極	ペロブスカイト型酸化物 （$LaMnO_3$ 系，$LaCoO_3$ 系， $SmCoO_3$ 系，$LaFeO_3$ 系）	高い電極反応活性 高い電子（ホール）伝導度 高い多孔度（ガス拡散性）
燃料極	ニッケル金属-酸化物混合物 （サーメット）	高い電極反応活性 高い電子伝導度 高い多孔度（ガス拡散性）
インターコネクタ	ランタンクロマイト 鉄-クロム系合金	高い電子伝導度 ガスを通さない緻密性 高い安定性（燃料雰囲気〜空気） 高い機械的強度

燃料電池の電解質には，高いイオン伝導性だけでなく，緻密性や健全性(化学的・機械的安定性)も重要であり，その他の材料の選定では電解質材料とのマッチングをはかることが重要となる。電解質材料には，蛍石型関連構造をもつ安定化ジルコニアや希土類添加セリア，ペロブスカイト型構造をもつランタンガレート系の酸化物が利用されている(図7.6参照)。燃料電池の電解質材料としては，$10^{-2}\,\mathrm{S\,cm^{-1}}$以上のイオン伝導度が必要とされている。

電極材料には，電極反応に対する高い触媒活性と高い電気伝導度が必須の機能となる。空気極材料としてはランタンマンガナイト，ランタンコバルタイト等のペロブスカイト型構造およびその類似構造をもった酸化物が利用される。燃料極には，ニッケル金属と電解質材料と同じ酸化物が細かく混在した**サーメット**(*ceramic*と*metal*からなる造語)とよばれる材料が用いられている。これらの電極材料の選定の際にも，熱膨張係数の一致や接合界面で反応物を生成しない，などを考慮している。

7.2 電池技術と無機化学

7.2.1 リチウムイオン電池

電池は，化学電池と物理電池に分類され，化学電池はマンガン乾電池やアルカリ電池といった一次電池や，鉛蓄電池，ニッケル水素電池，リチウムイオン電池いった二次電池に分類される。物理電池の代表例としては太陽電池があげられる。**一次電池**とは，放電して使い切る電池である一方，**二次電池**は放電後に充電することでくり返し利用が可能な電池である。リチウム(Li)を用いた一次電池が実用化されているが，リチウムを負極に用いたリチウムイオン二次電池に関する研究は，現在も活発に行われている。

リチウムイオン二次電池は，携帯電話やノートPCに広く利用され，近年では電気自動車や，プラグインハイブリッド自動車に加えて，再生可能エネルギーの電力貯蔵への利用も期待されている。リチウムイオン二次電池の大まかな構成としては，負極集電体・負極活物質・セパレーター・正極活物質・正極集電体が電解液で満たされ，シールされた構造である。このなかで，負極活物質・正極活物質に無機材料が利用されている。これまでに最も利用されてきた負極活物質は黒鉛であり，正極材料はコバルト酸リチウム($LiCoO_2$)である。リチウムが黒鉛の層間やCoO_2の層間に結晶構造を大きく変えることなく脱挿入するため，充放電の効率がきわめて高く，充電したエネルギーを放電によって取り出す際のロスが少ないこともリチウムイオン二次電池の大きな特徴である。

7.2.2 リチウムイオン二次電池の正極材料

リチウムイオン二次電池の正極材料として，リチウム遷移金属複合酸化物やポリアニオン系材料が利用され，活発に研究開発が行われている。リチウム遷移金属酸化物の代表例としては，層状の構造を有する$LiCoO_2$や$LiNi_{1/3}Co_{1/3}Mn_{1/3}O_2$，スピネル構造の$LiMn_2O_4$，ポリアニオン系の材料としてはオリビン型の$LiFePO_4$があげられる。層状構造を有する$LiCoO_2$は，リチウムイオンの拡散方向が2次元に限定されるが，スピネ

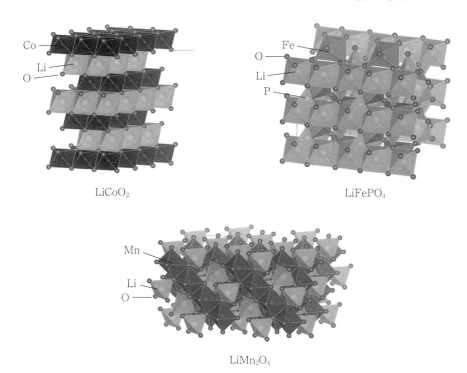

図7.7 リチウムイオン二次電池の正極材料の結晶構造模式図[2]

ル型の $LiMn_2O_4$ では3次元的な拡散が可能である。

Liの脱挿入において，$LiCoO_2$ の場合は，CoO_2 のホスト構造の層間にLiが出入りするため，Liがすべて引き抜かれた場合には層間を支えることができず結晶が壊れてしまうため，実際の利用時には，電池の容量($mAh\ g^{-1}$)を50%ほどに減らして(Liの50%を脱挿入させて)利用される。一方 $LiMn_2O_4$ の場合は，4 V 領域において，結晶中のすべてのLiを引き抜いてもホスト構造が壊れることはないため，理論上は，結晶中のすべてのLiを利用できる。$LiFePO_4$ は，1次元の拡散経路を有し，Li-rich 相($LiFePO_4$)と Li-poor 相($FePO_4$)の2相に分離した充放電機構をとる。

近年の正極材料開発の動向としては，コスト的な面から安価な鉄(Fe)を利用する $LiFePO_4$ に注目が集まり，高い充放電サイクル特性も魅力的ではある一方で，電気自動車などの車載用電池への利用が注目される現状においては，Li-Ni-Mn-Co-O 系の材料において，Niの割合を増やした高エネルギー密度材料の研究開発の注目度は高い。また最近では，Li遷移金属複合酸化物中の酸素の酸化還元を利用した高エネルギー密度材料開発も活発になっている。

その他の大容量系としては，金属硫化物材料が研究されている。硫化物系の材料の酸化還元電位は，金属酸化物正極材料の4〜5 V 級に比べて低いことが欠点であるが，容量が大きいことが大きな特徴であり，後に述べる全固体電解質とあわせて活発に研究されている。

7.2.3 リチウムイオン二次電池の負極材料

負極材料として黒鉛が利用されているが，その理論容量($372\,\mathrm{mAh\,g^{-1}}$)は車載用電池に求められる高いエネルギー密度には及ばず，正極同様に材料開発が活発に行われている。負極材料は正極材料に主として用いられる高価な遷移金属ではなく，安価な元素で構成される材料が多い。注目されている材料としては，SnO_X, $SiO_X(X=0\sim2)$の合金系材料である。SnやSiは，$Li_{4.4}Sn$, $Li_{4.4}Si$といった合金を形成するため，その理論容量は$994\,\mathrm{mAh\,g^{-1}}$, $4200\,\mathrm{mAh\,g^{-1}}$と大きいことから，注目度は高い。これらの材料の欠点は，多くのLiを取り込むことによる大きな体積変化である。Liと反応して4倍程度に膨らみ，Liを放出することで収縮する**Li貯蔵・放出反応**をするため，大きな体積変化がくり返し行われ，材料が微粉化し電極より脱落するなど，充放電サイクル特性の維持が大きな課題となっている。正極材料開発においては，大容量材料，高エネルギー密度材料の探索が必須という状況であるが，負極材料開発においては，合金系材料のサイクル特性の向上が重要な課題であり，次に述べるナノ構造材料に注目が集まっている。

リチウムイオン二次電池の負極材料において，Liも注目材料であるが，充放電サイクルにともなうLiのデンドライト(木の枝のように分かれて結晶が成長する樹枝状結晶)の成長に起因するサイクル特性の低下と，ショートによる安全性の問題の解決が必須である。電解液を含めて幅広い研究が行われている。

7.2.4 リチウムイオン二次電池材料のナノ構造制御

電気自動車等の車載用のリチウムイオン二次電池には，高エネルギー密度という特性のほかに，高出力特性が要求される。**エネルギー密度**は重量エネルギー密度($\mathrm{Wh\,kg^{-1}}$)もしくは体積エネルギー密度($\mathrm{Wh\,L^{-1}}$)で表され，重量もしくは体積あたりの1時間の電力(電圧×電流)である。出力は$\mathrm{W\,kg^{-1}}$や$\mathrm{W\,L^{-1}}$として表され，重量もしくは体積あたりの電力である。この出力が大きいものほど出力特性が高いことになる。ナノ材料は，活物質材料内でのLiの拡散距離の低減と高表面積化による界面反応場の増大がリチウムイオン二次電池の高出力化にとって魅力であり，世界中で研究が活発に行われた。一方で，リチウムイオン二次電池の劣化は，主として電極活物質と電解液の界面で引き起こされることから，高表面積化は劣化の場所を広げることになる。また，結晶性の低いナノ材料は，安定な電位を示さず，キャパシタのような充放電曲線となることから，高い結晶性を有し，安定な表面を有するナノ材料の開発が求められる。結晶性を向上させるためには，高温での熱処理が一般的であるが，ナノ粒子が焼結し，ナノ材料の特徴を失うことが考えられる。そこで，高温熱処理時にもナノ構造を維持するようなナノワイヤーによる不織布構造(繊維が絡み合った構造)を有する材料の利用など，さまざまな手法が用いられている。その他，$LiFePO_4$のような電子伝導性がきわめて低い材料においては，ナノ粒子表面に導電性を付与するため，カーボンをコートした材料が用いられている。

7.2.5 全固体リチウムイオン二次電池

リチウムイオン二次電池の発火事故等の問題から，安全性の向上へ向けた研究開発にも注目が集まっている。一般的なリチウムイオン二次電池は電解液に有機溶媒を用いているが，これを酸化物や硫化物といったセラミックス材料の固体電解質を用いた全固体リチウムイオン二次電池とすることで，安全性の向上をはかっている。高いリチウムイオン伝導度を示す固体電解質が開発されるなど，活発な研究開発が行われている。

コラム：リチウムイオン二次電池の特徴と先端材料

○**リチウムイオン二次電池とニッケル水素電池** リチウムイオン二次電池が広く社会に普及した理由として，高いエネルギー密度が第一にあげられる。リチウムイオン二次電池の実用の前に普及していたニッケル-水素電池は，電解液に水を利用するために，水の酸化還元による酸素の発生と水素の発生の電位の幅(電位窓)がせまく，1つのセルで1V程度の電圧を示す電池であった。リチウムイオン二次電池は，電解液に有機溶媒を用いることで電位窓を広げることができ，4V級の電圧を示すことができることが大きな特徴である。

○**リチウムイオン二次電池とナノ材料** ナノ材料のリチウムイオン二次電池への利用において，体積収縮の緩和がある。先に説明した合金系材料では，その体積変化が大きいために，クラックが入り微粉化を引き起こすが，ナノ材料を用いることによって大きな体積変化を緩和し，サイクル特性の向上が可能である。特異なナノ構造体として，メソクリスタルナノワイヤーといった材料が合成されている。**メソクリスタル**(mesocrystal)とは，単結晶と多結晶の中間の性質を有する結晶である。図7.8に示すように一般に多結晶体はランダムな結晶子から構成されており，透過型電子顕微鏡を用いた電子線回折では，リング状になる。一方で，単結晶体では，スポットパターンが得られる。メソクリスタルは，方位をそろえた結晶子等から構成されるために，単結晶のような電子線回折のパターンを示す。リチウムイオン二次電池材料のナノ構造制御において，カーボンナノチューブやグラフェンとの複合化など，多様な材料が合成され，電池特性の向上へ向けた研究が行われている。

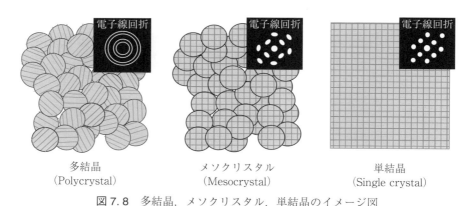

図7.8 多結晶，メソクリスタル，単結晶のイメージ図

7.3 無機材料の応用例——光触媒——

本節では，無機材料の応用例として，光機能性材料の一つである「**光触媒**」を取り上げる。光触媒は，当時東京大学の助教授の本多健一と大学院生の藤嶋昭によって発見された「本多-藤嶋効果」に起源をもつ日本発の技術であり，今なお世界中で研究が進められている。用途は2つに大別される。一つは親水性化や有機物分解能力を利用した防曇，防汚機能等の展開であり，汚れないテントや外壁，曇らないドアミラーなどに利用されているほか，屋内でもシックハウス症候群の原因物質除去等に光触媒技術が利用されている。もう一つは，太陽光エネルギーの化学エネルギーへの変換用途である。こちらはまだ研究開発段階であり実用化には至っていないが，非常にシンプルかつ単純な手法で太陽の光エネルギーから我々にとって利用可能なエネルギーを獲得できる。本節では，これら2つの応用例のうち，特にこれからの進展が期待されるエネルギー変換用途に主眼をおきながら，無機化学の観点から基本的な動作原理について簡単に述べる。

7.3.1 光触媒の研究意義

ここではまず，光触媒による太陽光エネルギー変換反応の意義について簡単に解説する。我々は現状，1次エネルギーの大部分を有限な化石資源に依存しており，その結果として地球規模でのエネルギー問題や温暖化問題などの大きな課題をかかえている。太陽光は，再生可能エネルギーのなかで最も膨大なエネルギーを有しており，人間が消費しているエネルギー1年間分に相当するエネルギーが1時間で地球上に降り注いでいる。そのため，その膨大な光エネルギーを我々が利用しやすいエネルギーへ変換する技術の確立が望まれている。現状の候補技術で最も有名なものは太陽電池であり，太陽の光エネルギーを電気エネルギーとして取り出す効率（太陽光エネルギー変換効率）は，単純なものでも10％，作りこめば，40％弱と非常に高い。しかしながら，太陽電池自体が高価であること，および電力貯蔵には二次電池が必要になることから，最終的なエネルギー価格が化石資源と比べて何倍にも高くなってしまう。そのため，既存技術の延長のみで上述した難題が解決できるかは不明瞭である。光触媒技術は，粉末光触媒を水溶液中に投入し，そこへ光を照射するという非常にシンプルな手法で，光エネルギーを

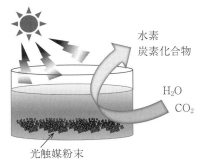

図 7.9　光触媒による太陽光エネルギーの化学エネルギーへの変換反応

我々が利用可能な化学エネルギーへと変換できる(図7.9)。このことから,化石資源並みに安価なエネルギーを獲得できる可能性を秘めた革新的なエネルギー創成技術として期待されている。

7.3.2 光と物質

光触媒とは,「光」を吸収でき,かつその光のもつエネルギーを利用してさまざまな化学反応を進行させる「物質」の総称である。そのため,詳しい光触媒の説明に入るまえに,簡単に光と物質についておさらいしておこう。

「光」とは,電磁波の一種であり,特に目に見える可視光を指して「光」と定義されることが多い。電磁波の波長とエネルギーの関係は式(7.1)で表される。

$$E = h\nu = h\left(\frac{c}{\lambda}\right) \tag{7.1}$$

ここで

h:プランク定数$(6.626 \times 10^{-34}$ J s$) = 4.136 \times 10^{-15}$ eV s
 (電子1個がもつエネルギーは 1 eV。1 eV $= 1.602 \times 10^{-19}$ J)
ν:振動数
c:光速$(2.998 \times 10^8$ m s$^{-1})$
λ:波長[m]

太陽光の大部分を占める可視光は,400〜800 nm の範囲の波長をもった電磁波である。可視光のエネルギーは,式(7.1)より 3.10〜1.55 eV と算出できる。可視光は白色であるが,プリズムなどを用いると,短波長側から,紫,青,緑,黄,赤と固有の色を有する光に分解できる。つまり,我々が実際に目で見て認識している物質の色は,白色光からある色が吸収され欠落し,残りの反射した色を認識している。そのため,可視光をまったく吸収しない物質は白色に見え,逆に全領域吸収できる物質は黒色に見える。植物の葉は,可視光のうち主に赤色を吸収し,残りを反射するため,緑色に見える。

7.3.3 無機化合物のエネルギー構造(バンド構造)と光吸収特性

「物質」の基本構成単位は原子であり,その原子は,正電荷を帯びた原子核と負電荷を帯びた電子によって構成されている。原子番号に従って原子核の正電荷は大きくなり,それにともない電子の数も増えていく。物質はさまざまな原子が複雑に組み合わさって成り立っている。この電子の状態を考慮し,原子や分子の性質を理解するのが量子力学である。これによると,電子がとれる状態には制約があり,限られた状態しかとれないことがわかる。電子はまわりの環境に強く影響を受けるため,特に無機化合物のようにほかの元素と結晶構造を形成するものでは,それぞれの原子の近くにあった電子が結晶全体に広がって存在できるようになり,量子化された準位はまわりの原子の影響を受け,エネルギー幅をもったエネルギー分布を示す。これが**バンド構造**である。ここでは,二酸化チタン(TiO_2)を例に,そのエネルギー構造と光吸収特性の関係について簡単に述べる。

Ti と O はそれぞれ 22 番と 8 番の原子番号をもつ元素である。そのため,Ti には電

7.3 無機材料の応用例——光触媒——

子が22個，Oには8個存在し，それがフントの規則に従い量子化されたエネルギー軌道に存在している。ここでTiO$_2$という物質はTi^{4+}（電子を4つ失った状態）とO^{2-}（電子を2つ受け取った状態）という状態で結合を形成している。それぞれの電子配置はフントの規則より下記のように理解される。

Ti^{4+}：$1s^2$，$2s^2$，$2p^6$，$3s^2$，$3p^6$

O^{2-}：$1s^2$，$2s^2$，$2p^6$

TiO$_2$のような複雑な物質の電子状態（バンド構造）を理解するのは容易ではないが，**密度汎関数理論**（通称：DFT）を用いることで，電子のエネルギー状態などの物性を電子密度から計算することができる。これによると，TiO$_2$という物質では，電子が詰まっている一番エネルギーの高いバンド準位はO 2p軌道により形成され，電子が空でかつエネルギーの一番低いバンド準位はTi 3d軌道であることがわかる。これらの軌道はバンド構造になっても量子化されているため，とびとびのエネルギー準位を形成する。そのエネルギー差に相当するのがTiO$_2$の**バンドギャップ**(Eg)であり，光吸収特性を決定する因子となっている（図7.10）。つまり，価電子帯にある電子は，Egよりも低いエネルギーをもつ光は吸収できないが，そのEgを超えるエネルギーをもった光が照射されると，電子はそのエネルギーを受け取り，価電子帯から空の伝導帯まで励起され，結果として光を吸収できる。たとえば，TiO$_2$のEgは約3.0 Vであり，そのエネルギーに相当する光の波長は，式(7.1)より413 nm（eVとVは，ここでは等価として扱って問題ない）である。そのため，413 nmよりも短い波長（強いエネルギー）を有する光が照射された場合のみ電子励起が起き，結果として光が吸収される。Egが1.1 V程度の結晶シリコンであれば，1100 nmよりも短波長の近赤外光から可視光まですべて吸収することができる。

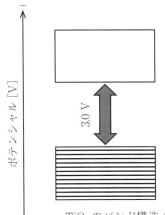

図7.10　TiO$_2$のエネルギー構造

7.3.4 化学反応の種類——up-hill 反応と down-hill 反応——

　光触媒反応について解説するまえに，化学反応についてもおさらいしておこう。基本的に化学反応は，2つ以上の物質が電子のやりとりを行うことで進行する。実際の化学反応では，活性化エネルギーなどの因子を考慮しなければならないが，ここでは簡略化のため割愛する。以下にメタンの燃焼式を示す。

$$CH_4 + 2O_2 \rightarrow CO_2 + 2H_2O \qquad (7.2)$$

この反応は，下記のように2つの酸化還元反応式に分解することができる。

$$CH_4 + 2H_2O \rightarrow CO_2 + 8H^+ + 8e^- \qquad E° = +0.17 \text{ V vs NHE (pH0)} \qquad (7.3)$$

$$2O_2 + 8H^+ + 8e^- \rightarrow 4H_2O \qquad E° = +1.23 \text{ V vs NHE (pH0)} \qquad (7.4)$$

式(7.3)はメタンの二酸化炭素への酸化，式(7.4)は酸素の水への還元反応をそれぞれ示している。つまり，これらの式より，式(7.2)ではメタンから酸素へ電子が移る酸化還元反応が起こっていることが理解できる。ここで重要なポイントは，物質間で電子の授受が起こる際，電子の移動先の物質の酸化還元電位(この場合は O_2)がもとの物質(CH_4)のそれと比較してポジティブな場合には，物質に内在する化学エネルギーが減少し，逆にネガティブな場合には，増加する点である。このエネルギー変化はギブスの自由エネルギーで定義され，内在エネルギーが減少する反応を **down-hill 反応**，増加する反応を **up-hill 反応** という。down-hill 反応は自発的に進行可能であり，up-hill 反応は外からエネルギーを獲得しなければ進まない反応である。CH_4 の燃焼反応では，物質に内在するエネルギーが減少する代わりに，熱としてそのエネルギーを放出することで，エネルギー保存則が成り立っている。逆に，CO_2 と H_2O からのメタン生成(式(7.2)の逆反応)は，外からエネルギーが供給されなければ進行させることはできない。

　どのような化学反応も，このような酸化還元準位の関係で整理することができる。たとえば，水分解による水素製造は up-hill 反応であり，電力等のエネルギー投入が必要となる。逆反応である水素燃料電池による発電は，電気エネルギーを放出する down-hill 反応である。ここで蓄えられる(もしくは放出される)エネルギーの理論値は，電子のエネルギーと電子をやりとりする物質の酸化還元電位の差から算出できる。たとえば，以下の式(7.5)〜(7.7)では，1 mol の水が水素と酸素に分解するのに 2 mol の電子の授受が起こり，その酸化還元電位差が 1.23 V であることから，理論的には，少なくとも 237 kJ mol^{-1} のエネルギー投入が必要となる。

$$H_2O \rightarrow H_2 + \frac{1}{2}O_2 \qquad (7.5)$$

$$2H^+ + 2e^- \rightarrow H_2 \qquad E° = +0.00 \text{ V vs NHE (pH0)} \qquad (7.6)$$

$$H_2O \rightarrow \frac{1}{2}O_2 + 2H^+ + 2e^- \qquad E° = +1.23 \text{ V vs NHE (pH0)} \qquad (7.7)$$

電子1個のもつエネルギー：$1 \text{ eV} = 1.602 \times 10^{-19} \text{ J}$
物質量：$1 \text{ mol} = 6.02 \times 10^{23}$
ギブスの自由エネルギー変化：$\Delta G = 1.602 \times 10^{-19} \times 2 \times 1.23 \text{ [V]} \times 6.02 \times 10^{23}$
$\qquad\qquad\qquad\qquad\qquad\quad = +237.2 \text{ kJ mol}^{-1}_{(H_2O)}$

7.3.5 光触媒の動作原理

光触媒技術を利用した太陽エネルギーの変換反応としては，上述した式(7.2)の逆反応や式(7.5)のような，二酸化炭素の還元反応および水分解水素製造が広く研究されている。図7.11に水分解水素製造を例に，その動作原理を示す。光触媒として利用される材料には，上述したTiO_2に代表されるようなEgを形成する半導体材料が用いられる。光触媒材料にEg以上のエネルギーを有する光が照射されると，光吸収により，価電子帯の電子(e^-)が伝導帯へ励起され，価電子帯は電子が不足した状態となる。この電子が抜けた孔は相対的に正の電荷をもっているようにみえるため，一般的に正孔(h^+)と定義される。ここで，伝導帯へ励起された電子が水の還元電位よりもネガティブなポテンシャルを有する場合，水を還元し，水素を生成することができる。また，価電子帯の正孔が水の酸化準位よりもポジティブなポテンシャルを有する場合に，水が酸化され，酸素が生成される。この励起電子および正孔のもつポテンシャルは，物質の伝導帯下端および価電子帯上端のエネルギーに依存する。そのため，図のように水の酸化還元準位をはさみこむようなバンド構造を形成できることが，水分解を進行する光触媒材料に求められる熱力学的な必要条件となる。さらに，太陽光の大部分を占める可視光を利用する場合，上述したように400〜800 nmの範囲の波長をもった電磁波(3.10〜1.55 eV)を吸収し，励起電子や正孔を生成できることも必要条件となる。さらに実際に反応を進行させるためには，励起電子や正孔が光触媒表面で化学反応を進行させなければならない。そのため，これら光生成キャリア(e^-およびh^+)が表面まで移動するための易動度や寿命が十分であること，さらには活性化エネルギーを下げられる理想的な表面構造(活性点)の存在が不可欠である。このように，1つの粒子のなかで光エネルギーの吸収から最終的に目的の酸化還元反応を進行させるまでに，考慮しなければならない因子は多岐にわたる。そのため，高性能化のための研究は様々な視点から進められている。

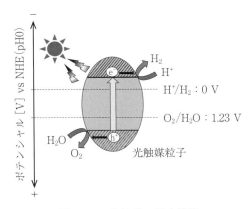

図7.11　光触媒の反応機構

―発展コラム：光触媒研究の現状とこれからの展望―

　これまでに述べたように，光触媒によるエネルギー獲得手法は，高い効率を実現できれば革新的手法になる可能性がある一方，実際の開発難易度はとても高い。1970年に「本多-藤嶋効果」が報告されて以来，多くの研究者が精力的な研究を進めてきたが，1990年代までには，太陽光に含まれないような非常に強力な紫外線でしか励起できない，広いEgをもったいくつかの材料群でしか水分解反応が進行する例は見いだされなかった。それでも2000年頃には，植物の光合成機構を模倣したZスキーム型反応(2種類の光触媒を組み合わせた2段階励起機構)により，世界で初めて可視光を利用した水分解反応が達成され，その後も着実に材料開発や手法の改良が行われている。現在では，太陽光エネルギー変換効率1%程度が達成されるまでに進展している。理論的には，太陽電池並みの変換効率も達成可能な技術であるため，今後もさまざまな視点からの材料開発・手法改良が推進されることで，夢の技術の開発が進んでいくものと考えられる。

7.4　生体材料と無機化学

　無せきつい動物の骨格の無機成分は炭酸カルシウムであるのに対し，せきつい動物の骨格の無機成分はリン酸カルシウムである。したがって，ヒトの骨組織を再建・再生するのに用いられる人工骨補填材は，リン酸カルシウムを主原料として設計・合成される（表7.3）。

表7.3　人工骨補填材に用いられるリン酸カルシウムの種類

名　称	略記	化学式
リン酸二水素カルシウム	MCPA	$Ca(H_2PO_4)_2$
リン酸二水素カルシウム一水和物	MCPM	$Ca(H_2PO_4)_2 \cdot H_2O$
リン酸一水素カルシウム	DCPA	$CaHPO_4$
リン酸一水素カルシウム二水和物	DCPD	$CaHPO_4 \cdot 2H_2O$
リン酸八カルシウム	OCP	$Ca_8H_2(PO_4)_6 \cdot 5H_2O$
α型リン酸三カルシウム	α-TCP	$\alpha\text{-}Ca_3(PO_4)_2$
β型リン酸三カルシウム	β-TCP	$\beta\text{-}Ca_3(PO_4)_2$
カルシウム欠損型水酸アパタイト	cd-HAP	$Ca_{10-x}(HPO_4)_x(PO_4)_{6-x}(OH)_{2-x}$
水酸アパタイト	HAP	$Ca_{10}(PO_4)_6(OH)_2$
リン酸四カルシウム	TTCP	$Ca_4(PO_4)_2O$

　国内では，ヒトの骨や歯の無機成分である水酸アパタイト(HAP)を組成とした焼結体を人工骨や人工歯根として利用する試みが1970年代から開始されている。人工歯根としては力学的に不十分であり応用が断念されたが，非荷重部位の骨組織再建に用いられる人工骨としては現在でも広く臨床使用されている[3]。もう一つの代表例としては，β型リン酸三カルシウム(β-TCP)を組成とした人工骨補填材があげられる[4]。この材料の最大の特徴は生体内で吸収され骨に置換されることである。溶解度積から計算した種々のリン酸カルシウム化合物のpH-溶解度曲線を図7.12に示す[5]。体液環境(pH 7.4，36.5℃)における熱力学的最安定相はHAPであるのに対し，β-TCPは準安定相であり体液環境下でわずかに溶解する。この性質が生体内吸収性発現の鍵となる。生体内吸収性や骨置換性をコントロールするために，気孔率や気孔構造に工夫がなされた多孔体が

7.4 生体材料と無機化学

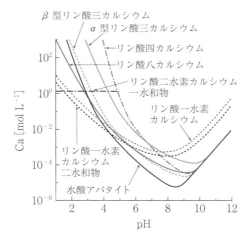

図 7.12 溶解度積から計算した種々のリン酸カルシウム化合物の pH-溶解度曲線[5]

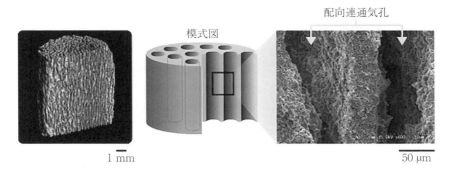

図 7.13 配向連通孔構造を有する人工骨補填材(株式会社クラレホームページ[6]より)

製品としてラインナップされている。発泡剤を利用した気孔形成のみならず、氷の結晶成長により形成した霜柱による配向連通孔構造の作製[6]は、無機化学をバックグランドとした研究成果の賜である(図 7.13)。

α型リン酸三カルシウム(α-TCP)はβ-TCP より溶解度が高いため、単独での骨補填材としての利用は制限されるが、逆に溶解度が高いことを利用して、アパタイトセメント(ペースト状人工骨)の粉末原料として利用されている。α-TCP 粉末が水と反応し、構成イオンを溶出する(式(7.8))。粉末表面近傍の溶液はアパタイトに対して過飽和となるため、粉末表面に微細なカルシウム欠損型水酸アパタイト(cd-HAp)の結晶が徐々に析出し(式(7.9))、析出した針状結晶の絡み合いによって硬化する[7]。

溶解反応：

$$3Ca_3(PO_4)_2[\alpha\text{-TCP}] + 6H_2O \rightarrow 9Ca^{2+} + 6HPO_4^{2-} + 6OH^- \tag{7.8}$$

析出反応：

$$9Ca^{2+} + 6HPO_4^{2-} + 6OH^- \rightarrow Ca_9(HPO_4)(PO_4)_5(OH)[cd-HAp] + 5H_2O \tag{7.9}$$

また，リン酸四カルシウム（TTCP）とリン酸一水素カルシウム（DCPA）でも溶解-析出反応（式(7.10)～(7.12)）に基づく硬化現象が観察される[8]。

溶解反応：

$$Ca_4(PO_4)_2O[TTCP] + H_2O \rightarrow 4Ca^{2+} + 2PO_4^{3-} + 2OH^- \qquad (7.10)$$

$$CaHPO_4[DCPA] \rightarrow Ca^{2+} + H^+ + PO_4^{3-} \qquad (7.11)$$

析出反応：

$$2Ca_4(PO_4)_2O + CaHPO_4 \rightarrow 10\,Ca^{2+} + 6PO_4^{3-} + 2OH^-$$
$$\rightarrow Ca_{10}(PO_4)_6(OH)_2 \qquad (7.12)$$

これらの反応は市販のペースト状人工骨の硬化に寄与している。骨補填材と異なり，ペースト状人工骨はシリンジ注入・インジェクション可能なタイプや手術場で任意に形状を整えることが可能なタイプも利用可能である。一方，硬化後のペースト状人工骨には骨組織の侵入に有効な気孔構造に乏しいことから，機能性改善の余地が残されている。

近年，HAP や β-TCP とは異なる新しい組成からなる人工骨補填材の製品化が続いている。低結晶性水酸アパタイトとコラーゲンからなる骨類似構造・組成を有する人工骨の販売が 2014 年に開始された。体液が浸潤すると弾力性を有するため患部に隙間なくフィットすることが可能であり，生体内の骨リモデリングに取りこまれ，骨組織に置換することを特徴とする。骨形成率は β-TCP 骨補填材より優れており，骨欠損サイズが大きくなると両者の骨形成率の差が顕著となる臨床データが示されている[9]。

著者（都留）も 2018 年に販売が開始された新しい人工骨補填材の開発に携わった。ヒト骨の無機成分の組成を表 7.4 に示す[10]。厳密にはリン酸カルシウム以外にも体液中のイオンが含まれており，なかでも炭酸イオンは 6～8％ 含まれることから，ヒトの骨格の無機成分は炭酸イオン含有水酸アパタイト（便宜上，炭酸アパタイトと表記）であるといえる。したがって，骨組織を再生するための人工骨補填材としては炭酸アパタイトが理想的である。湿式法などで粉末状の炭酸アパタイトを作製するのは容易であるが，粉末を体内に埋入するとマクロファージなどの貪食作用にともない結晶性炎症が惹起されるため，生体親和性の高いアパタイトでさえも粉末状のまま骨補填材として使用するこ

表 7.4 成人ヒト骨の無機成分[10]

成　分	含有量[wt%]
Ca^{2+}	38.4
PO_4^{3-}	15.2
Ca/P モル比	1.71
Na^+	0.9
Mg^{2+}	0.72
K^+	0.03
CO_3^{2-}	7.4
F^-	0.03
Cl^-	0.13
$P_2O_7^{4-}$	0.07
全体に対する無機成分の割合	65.0
水	10.0

とはできない。したがって，骨補填材として応用するためには，焼結反応や硬化反応を利用して成形体とするプロセスが必ず必要となる。しかし，炭酸アパタイトは高温で分解するため焼成法は使えない。こういった理由から，歴史的に炭酸アパタイトではなく水酸アパタイト焼結体が骨補填材として製品化され利用されてきたと思われる。焼結法ではない方法，すなわち，熱力学的準安定相であり適度に溶解性を有する前駆体（炭酸カルシウムや α-TCP）を炭酸アパタイトの構成イオンを含む水溶液に浸漬することで，徐々に熱力学的最安定相である炭酸アパタイトに組成変換させる方法で骨補填材が作製されている[11),12)]。

硬組織の無機成分は炭酸イオンを含有した水酸アパタイトであることはすでに述べたが，この結晶の前駆体物質であると考えられているリン酸八カルシウムを人工合成し，新しい人工骨補填材とする試み[13),14)]も実施されており，近く製品化が予定されている。

わが国は超高齢化社会を迎え，寝たきりの原因の上位に骨折があげられることから，骨組織の再建・再生に寄与するリン酸カルシウム系骨補填材の需要はますます高まると予想される。今後も無機化学を基礎とした高機能性をもつ生体材料の開発が期待される。

参 考 文 献

1) 八島正知・吉村昌弘，まてりあ，**34**, 4, 448（1995）
2) K. Momma, F. Izumi, Commission on Crystal Comput., IUCr Newslett., **7**, 106 (2006).
3) H. Aoki, "Medical Application of Hydroxyapatite", Ishiyaku EuroAmerica Inc., 90, 156 (1994).
4) A. Ogose, T. Hotta, H. Hatano, H. Kawashima, K. Tokunaga, N. Endo, H. Umezu, *J. Biomed. Mater. Res.*, **63**(5), 601 (2002).
5) 宮﨑隆・中嶌裕・河合達志・小田豊編，"臨床歯科理工学"医歯薬出版株式会社，p. 355（2006）.
6) 株式会社クラレホームページ
   (https://www.kuraray-orthopaedics.com/product/affinos/)
7) H. Monma and T. Kanazawa, Yogyo-Kyokai-Shi, **84**(4), 209 (1976).
8) W.E. Brown and L.C. Chow, "A new calcium phosphate, water-setting cement", in Brown, P.W. (ed), Cement Research Progress, The American Ceramics Society, Westerville, USA. 351 (1986).
9) 四宮謙一・石突正文・森岡秀夫・松本誠一・中村孝志・阿部哲士・別府保男，整形外科，**63**, 9, 921（2012）.
10) R.Z. LeGelos, "Calcium Phosphates in Oral Biology and Medicine' in Myers, H.M. (ed), Monographs in Oral Science Vol. 15, Karger, Basel, 110 (1991).
11) K. Ishikawa, Materials, **3**, 1138 (2010).
12) K. Ishikawa, Y. Hiyamoto, A. Tsuchiya, K. Hayashi, K. Tsuru, G. Ohe, Materials, **11**, 10, 1993 (2018).
13) O. Suzuki, *J. Dent. Rev.*, **49**, 58 (2013).
14) 鈴木治，バイオインテグレーション学会誌，**7**, 21（2017）.

演習問題の解答

[演習問題 1]

[1] (1) [Ne]3s²3p⁶   (2) [Ar]3d¹⁰4s¹   (3) [Ar]3d³
(4) [Ar]3d⁶   (5) [Kr]5s²4d¹

[2] (1) $Z_{eff} = 8 - 2(1s\,電子数) \times 0.85 - 5(2s, 2p\,電子数) \times 0.35 = 4.55$
(2) $Z_{eff} = 28 - 18(1s, 2s, 2p, 3s, 3p\,電子数) \times 1.00 - 7(3d\,電子数) \times 0.35 = 7.55$
(3) $Z_{eff} = 28 - 10(1s, 2s, 2p\,電子数) \times 1.00 - 16(3s, 3p, 3d\,電子数)$
$\times 0.85 - 1(4s\,電子数) \times 0.35 = 4.05$

[3] (1) Ne は電子配置が閉殻となっており安定であるためイオン化エネルギーが大きいが，Na では主量子数が 1 つ増加した 3s 軌道にある電子が最外殻になる。そのため，Ne の最外殻 2p 軌道より外側の軌道の電子となり有効核電荷が減少する。

(2) Mg は 3s 軌道から電子を取り去るのに対し，Al は 3p 軌道から電子を取り去るからである。3s 軌道の電子は貫入により 3p 軌道の電子より安定化されている。

(3) P は 3p 軌道が半分占められた配置（半閉殻構造）をとり安定化されている。一方，S は 1 つの p 軌道に 2 個の電子が入っており，このうち 1 個の電子を取り去ればよい。この電子は，電子間反発によって核電荷による安定化を受けにくい状況にあるため，比較的取り去りやすい。

[4] 2 つ不対電子を有するため。

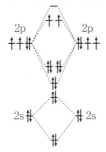

[5] (1)   (2)   (3)

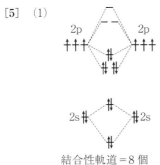

(1) 結合性軌道 = 8 個
反結合性軌道 = 2 個
結合次数 = 3

(2) 結合性軌道 = 8 個
反結合性軌道 = 5 個
結合次数 = 1.5

(3) 結合性軌道 = 8 個
反結合性軌道 = 2 個
結合次数 = 3

分子軌道の電子数はイオンの電荷も考慮している。

[6] 分子量が大きくなり，ファンデルワールス力による分子間相互作用が強くなるため。
[7] H原子とF原子間の電気陰性度の差がH原子とCl原子間のものより大きく，HFは水素結合の影響を強く受けているため。
[8] (1) 結合に関与する最外殻電子 N=5個　F=1個×3個
　　　　結合に関与する電子数=8個
　　　　結合に関与できる電子対=4個

(2) 結合に関与する最外殻電子 S=6個　F=1個×4個
　　結合に関与する電子数=10個
　　結合に関与できる電子対=5個

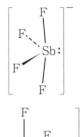

(3) 結合に関与する最外殻電子 Sb=5個　F=1個×4個
　　電子1個
　　結合に関与する電子数=10個
　　結合に関与できる電子対=5個

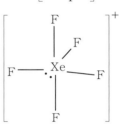

(4) 結合に関与する最外殻電子 Xe=8個　F=1個×5個
　　正電荷1個
　　結合に関与する電子数=12個(8+1×5−1)
　　結合に関与できる電子対=6個

[演習問題 2]
[1] (1) イオン性　(2) 金属性　(3) イオン性　(4) 分子性　(5) 共有結合性
[2]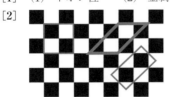
[3] (1) $d = 0.2026$ nm　(2) $2\theta = 65.03°$
[4] (1) 9.259 g cm^{-3}　(2) 7.199 g cm^{-3}　(3) 2.698 g cm^{-3}
(4) $\dfrac{2M}{N_A} \Big/ (a^2 \times \sqrt{3}/2 \times c) = 8.837 \text{ g cm}^{-3}$
[5] 省略
[6] 体心立方格子と面心立方格子の体積比 $V(fcc)/V(bcc)$ は充填率 p の比の逆数となる。したがって，$V(fcc)/V(bcc) = 0.680/0.740 = 0.919$ より 8.1% 収縮する。
[7] $a = 0.4086$ nm，$r = a \times \sqrt{2}/4 = 0.1445$ nm
[8] (1) $Z=4$ より，Caは4個，Fは8個。　(2) 5.186×10^{-22} g
(3) $1.631 \times 10^{-22} \text{ cm}^3$　(4) $5.464 \times 10^{-8} \text{ cm} = 0.5464$ nm
[9] (1) 1.950 g cm^{-3}　(2) 4.012 g cm^{-3}　(3) 6.225 g cm^{-3}
[10] 省略
[11] +3.3

［演習問題 3］

[1]　希ガスは最外殻が ns^2np^6 の閉殻の電子配置を有しているため安定であるから。
[2]　Xe や Kr は原子半径が大きくイオン化エネルギーが低い。そのため，強い酸化剤である F と酸化還元反応を起こすことができる。
[3]　$CH_4 + 2H_2O \rightarrow CO_2 + 4H_2$
[4]　$4KO_2 + 2H_2O \rightarrow 4KOH + 3O_2$
[5]　テルミット反応　$3BaO + 2Al \rightarrow 3Ba + Al_2O_3$
[6]　$CaSO_4 \cdot 2H_2O$ を焼成すると半水セッコウ $CaSO_4 \cdot 1/2H_2O$ となる。
　　半水セッコウに水を加えると以下の反応が起こる。
$$CaSO_4 \cdot \frac{1}{2}H_2O + \frac{3}{2}H_2O \rightarrow CaSO_4 \cdot 2H_2O$$
このとき，針状結晶の二水セッコウが析出し絡み合った多結晶構造をとることで硬化する。
[7]　希薄条件で水に溶解すると，次のように電離して弱酸として振る舞う。
$$H_3BO_3 + 2H_2O \rightarrow [B(OH)_4]^- + H_3O^+$$
[8]　図 3.2 参照。B は sp^3 混成軌道を有しており，B–H–B において三中心二電子結合を形成している。
[9]　ボーキサイトを精製し酸化アルミニウムとした後，氷晶石を加え加熱溶融した後，炭素電極を用いて電解する。
[10]　炭素の同素体には，ダイヤモンド，グラファイト(黒鉛)，フラーレンがある。ダイヤモンドの炭素は sp^3 混成軌道で結合し，共有結合結晶を形成している。グラファイトは sp^2 混成軌道で結合している。フラーレンは sp^3 混成軌道で結合している。
[11]　H_2 と N_2 の気体を高温高圧下で Fe を主体とした触媒共存下で反応させるハーバー–ボッシュ法を用いる。
[12]　同素体には，白リン(黄リン)，赤リン，黒リンがある。
[13]　図 3.10 参照。折れ曲がった V 字型をしており，三中心四電子結合を有している。
[14]　表 3.9 参照。
[15]　フッ素：$2F_2 + 2H_2O \rightarrow 4HF + O_2$
　　　塩素：$Cl_2 + H_2O \rightarrow HCl + HClO$
F_2 のほうが Cl_2 より酸化力が強い。

［演習問題 4］

[1]　$FeS_2 + \frac{15}{4}O_2 + \frac{7}{2}H_2O \rightarrow Fe(OH)_3 + 2H_2SO_4$
[2]　$6[MoO_4]^{2-} + 10H^+ \rightarrow [Mo_6O_{19}]^{2-} + 5H_2O$
　　　$8[MoO_4]^{2-} + 12H^+ \rightarrow [Mo_8O_{26}]^{4-} + 6H_2O$
[3]　MoS_2 は，その結晶構造から，硫化物イオン S^{2-} が Mo に結合した多面体を有していることがわかる。このことは，Mo が +4 価であることを示している。一方，二硫化鉄 FeS_2 は，その結晶構造から，二硫化物イオン S_2^{2-} が Fe と結合していることから，Fe が +2 価であることを示している。この違いは，Mo と比べて Fe が +4 価になりにくいことを暗に示している。
[4]　(1)　　　　　　　　　(2)

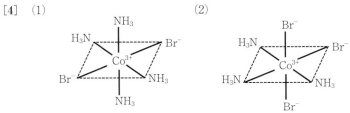

(3)

$$\begin{array}{c} H_2 \\ N \end{array} \begin{array}{c} H^- \\ O \end{array} \begin{array}{c} H_2 \\ N \end{array}$$

(structure: ethylenediamine-Cu²⁺-(OH)₂-Cu²⁺-ethylenediamine bridged dimer)

[5]
$\underline{\quad}\ d_{x^2-y^2}$

$\underline{\quad}\ d_{z^2}$

$\underline{\quad}\ d_{xy}$

$\underline{\quad}\ d_{yz} \quad \underline{\quad}\ d_{xz}$

[6] (1) Cr^{3+}：[Ar]3d³,　　Mn^{2+}：[Ar]3d⁵,　　Co^{3+}：[Ar]3d⁶,
(2) Cr^{3+}：常磁性　　　Mn^{2+}：常磁性　　　Co^{3+}：反磁性

(electron configuration diagrams with arrows)

(3) $[Cr(H_2O)_6]^{3+}$：常磁性,　　$[MnCl_6]^{4-}$：常磁性,　　$[Co(CN)_6]^{3-}$：反磁性
(4) $[Cr(H_2O)_6]^{3+}$：CFSE $= -1.2\varDelta_O$,　　$[MnCl_6]^{4-}$：CFSE $= 0$,　　$[Co(CN)_6]^{3-}$：CFSE $= -2.4\varDelta_O$

[7] Cr^{6+} なので 3d 電子数 $=0$.
$[CrO_4]^{2-}$ 中の Cr イオンは 3d 電子がないため，d-d 遷移は起こらない。橙黄色の原因は Cr イオンと酸化物イオン間の電荷移動吸収によるものである。

[演習問題 5]

[1] ランタノイド系列やアクチノイド系列は変則的な点もあるが，基本的に 4f 軌道ないし 5f 軌道に電子が充填していく系列である。f 軌道は 7 個存在し，0～14 個の電子が入りうるために 15 種類の元素で構成される。

[2] ランタノイドは，最外殻が 6s 軌道であるが，電子が充填するのは内殻の 4f 軌道である。図 5.1 より，4f 軌道より 6s 軌道のほうが核の近くまで電子の分布が貫入しているため，4f 電子による遮蔽を受けにくくなっている。そのために，原子番号の増加により，核電荷の増加の影響を最外殻の 6s 電子が受け，軌道の収縮が起こる。

[3] ランタノイド元素のイオンの発光の原因となる 4f 軌道は，5s, 5p 軌道と比べて内側に存在し，外部の配位子の影響が遮蔽されている。このため，電子状態の変化の影響が有機分子や遷移金属錯体に比べて小さくなる（このような現象を内部遮蔽効果という）。

[演習問題 6]

[1] 炭酸ナトリウムは
$$Na_2CO_3 \rightarrow 2Na^+ + CO_3^{2-}$$
のように完全解離する。一方，炭酸イオンは
$$CO_3^{2-} + H_2O \rightleftarrows HCO_3^- + OH^- \quad \cdots ①$$
$$HCO_3^- + H_2O \rightleftarrows H_2CO_3 + OH^- \quad \cdots ②$$
のように 2 段階で変化する。また水は
$$H_2O \rightleftarrows H^+ + OH^- \quad \cdots ③$$

演習問題の解答   157

のように変化する。③の平衡定数は水のイオン積なので
$$K_w = [\text{H}^+][\text{OH}^-] = 1.0 \times 10^{-14}$$
①の平衡定数は，酸解離定数 K_{a2} の反応 $\text{HCO}_3^- \rightleftarrows \text{H}^+ + \text{CO}_3^{2-}$ の逆反応であり，H^+ ではなく OH^- の項があるだけであるから，①の平衡定数を K_{b1} とすると
$$K_{b1} = \frac{K_w}{K_{a2}} = \frac{10^{-14}}{10^{-10.25}} = 10^{-3.75} \quad \cdots ④$$
同様に②の平衡定数は K_{b2} とすると
$$K_{b2} = \frac{K_w}{K_{a1}} = \frac{10^{-14}}{10^{-6.46}} = 10^{-7.54} \quad \cdots ⑤$$
となる。一方，電荷および物質収支を考えると
$$[\text{Na}^+] = [\text{HCO}_3^-] + 2[\text{CO}_3^{2-}] + [\text{OH}^-] \quad \cdots ⑥$$
$$[\text{Na}^+] = 0.2 \text{ mol L}^{-1} \quad \cdots ⑦$$
$$[\text{CO}_3^{2-}] + [\text{HCO}_3^-] = 0.1 \text{ mol L}^{-1} \quad \cdots ⑧$$
⑥，⑦，⑧ から $[\text{CO}_3^{2-}] = 0.1 - [\text{OH}^-]$ $\cdots ⑨$
⑧，⑨ から $[\text{HCO}_3^-] = [\text{OH}^-]$ $\cdots ⑩$
④に⑨，⑩を代入すると
$$K_{b1} = \frac{[\text{HCO}_3^-][\text{OH}^-]}{[\text{CO}_3^{2-}]} = \frac{[\text{OH}^-]^2}{0.1 - [\text{OH}^-]}$$
ここで分母の $0.1 - [\text{OH}^-]$ について $0.1 \gg [\text{OH}^-]$ なので $0.1 - [\text{OH}^-] \fallingdotseq 0.1$ とできる。
よって
$$K_{b1} = \frac{[\text{OH}^-]^2}{0.1}$$
より
$$[\text{OH}^-]^2 = K_{b1} \times 0.1 = 10^{-4.6}$$
$$\therefore \quad [\text{OH}^-] = 10^{-2.375}$$
これを K_w に代入して $[\text{H}^+] = \frac{K_w}{[\text{OH}^-]} = 10^{-11.6}$。よって，pH = 11.6

[2] 溶液 A 中における化学平衡は，
$$\text{H}_3\text{PO}_4 + \text{H}_2\text{O} \rightleftarrows \text{H}_2\text{PO}_4^- + \text{H}_3\text{O}^+, \quad \text{H}_2\text{PO}_4^- + \text{H}_2\text{O} \rightleftarrows \text{H}_3\text{PO}_4 + \text{OH}^-$$
と考えることができる。どちらの平衡式を用いてもよいが，与えられている平衡定数は H_3PO_4 の pK_{a1} であるので，
$$K_{a1} = \frac{[\text{H}_2\text{PO}_4^-][\text{H}_3\text{O}^+]}{[\text{H}_3\text{PO}_4]}$$
$$\Rightarrow -\log K_{a1} = -\log \frac{[\text{H}_2\text{PO}_4^-][\text{H}_3\text{O}^+]}{[\text{H}_3\text{PO}_4]} = -\log [\text{H}_3\text{O}^+] - \log \frac{[\text{H}_2\text{PO}_4^-]}{[\text{H}_3\text{PO}_4]}$$
より
$$pH = pK_{a1} + \log \frac{[\text{H}_2\text{PO}_4^-]}{[\text{H}_3\text{PO}_4]}$$
ここで $[\text{H}_3\text{PO}_4] = \frac{0.05 \times 30}{30 + 60} = \frac{1.5}{90} \text{ mol mL}^{-1}$, $[\text{H}_2\text{PO}_4^-] = 0.05 \times \frac{60}{60 + 30} = \frac{3}{90} \text{ mol mL}^{-1}$,
$pK_{a1} = 2.12$ を代入して
$$pH = 2.12 + \log \frac{3}{1.5} = 2.42$$

次に溶液 B では，0.2 mol L^{-1} の HCl 10 mL を加えると，塩基が HCl と反応し，
$$\text{H}_2\text{PO}_4^- + \text{HCl} \rightarrow \text{H}_3\text{PO}_4 + \text{Cl}^-$$
となり，$0.2 \times 10 = 2$ mmol の H^+ と 2 mmol の H_2PO_4^- が反応して 2 mmol だけ H_3PO_4 が増える。よって，反応前は $\text{H}_3\text{PO}_4 = 1.5$ mmol, $\text{H}_2\text{PO}_4^- = 3$ mmol であり，反応後は $[\text{H}_3\text{PO}_4] = \frac{1.5 + 2}{90 + 10} = \frac{3.5}{100}$ mol L^{-1}, $[\text{H}_2\text{PO}_4^-] = \frac{3 - 2}{90 + 10} = \frac{1}{100}$ mol L^{-1} となる。よって

$$\text{pH} = 2.12 + \log \frac{[\text{H}_2\text{PO}_4^-]}{[\text{H}_3\text{PO}_4]} = 2.12 + \log \frac{1}{3.5} = 1.58$$

[3] (1) (ア) 緩衝液，(イ) 共役，(ウ) [CH$_3$COONa]/[CH$_3$COOH]，(エ) 10

(2) HA : $(n_A - n_{Na})/V$，A$^-$: n_{Na}/V

(3) $\dfrac{d\text{pH}}{dn_{Na}} = \dfrac{1}{(n_A \cdot n_{Na})}$

[4] (1) 塩酸が電離した際に生成する H$^+$ は $0.3 \times 10/1000 = 3.0 \times 10^{-3}$ mol．
これを中和するのに必要な 0.3 mol L^{-1} の水酸化ナトリウムは 10 mL．

(2) 硫酸が電離した際に生成する H$^+$ は $2 \times 0.3 \times 10/1000 = 6.0 \times 10^{-3}$ mol．
これを中和するのに必要な 0.3 mol L^{-1} の水酸化ナトリウムは 20 mL．

(3) 酢酸が電離した際に生成する H$^+$ は $0.2 \times 0.6 \times 15/1000 = 1.8 \times 10^{-3}$ mol．
これを中和するのに必要な 0.3 mol L^{-1} の水酸化ナトリウムは 6 mL．
よって，(2) の硫酸の滴定量が最も多くなる．

[5] 0.2 mol L^{-1} 弱酸水溶液 20 mL に H$^+$ は $0.2 \times 20/1000 = 4.0 \times 10^{-3}$ mol．中和に要した 0.2 mol L^{-1} 水酸化ナトリウム水溶液 3 mL に OH$^-$ は $0.2 \times 3/1000 = 0.6 \times 10^{-3}$ mol．よって，0.6×10^{-3} mol の弱酸が電離しているので，

$$\text{電離度} = \frac{[0.6 \times 10^{-3}]}{[4.0 \times 10^{-3}]} = 0.15.$$

[6]
$$\text{HClO} + \text{H}^+ + \text{e}^- \rightarrow \tfrac{1}{2}\text{Cl}_2 + \text{H}_2\text{O} \qquad E° = +1.63 \text{ V}$$

$$\tfrac{1}{2}\text{Cl}_2 + \text{e}^- \rightarrow \text{Cl}^- \qquad\qquad\qquad\qquad E° = +1.36 \text{ V}$$

より，直接還元反応は，

$$\text{HClO} + \text{H}^+ + 2\text{e}^- \rightarrow \text{Cl}^- + \text{H}_2\text{O}$$

標準電極電位は，

$$E° = \frac{1 \times 1.63 + 1 \times 1.36}{2} = +1.50 \text{ V}$$

[7] ラチマー図より，

$$\text{Fe}^{2+} + \text{e}^- \rightarrow \text{Fe} \qquad E° = -0.44 \text{ V}$$
$$\text{Fe}^{3+} + \text{e}^- \rightarrow \text{Fe}^{2+} \qquad E° = +0.77 \text{ V}$$

これより，

$$2\text{Fe}^{2+} \rightarrow \text{Fe} + \text{Fe}^{3+}$$

このとき，

$$E° = -0.44 - 0.77 = -1.21 \text{ V}$$

よって，自発的にこの反応は進行しない (不均化しない)．

[8] 起電力 $E = 1.10 + \dfrac{8.31 \times 300}{2 \times 96485} \ln \dfrac{0.100}{0.200} = 1.09$ V

また，

$$\text{Zn(s)} + \text{Cu}^{2+}(\text{aq}) \rightleftarrows \text{Zn}^{2+}(\text{aq}) + 2\text{Cu(s)}$$

の平衡定数を $K = a_{\text{Zn}^{2+}}/a_{\text{Cu}^{2+}}$ とすると，

$$E° = \frac{RT}{2F} \ln K$$

より，

$$K = \exp\left(\frac{2FE°}{RT}\right) = 9.51 \times 10^{36}$$

[9] CO の線分と ZnO の線分の交点から，1200 K 程度と読み取れる．

$$\text{C(s)} + \text{ZnO(s)} \rightarrow \text{CO(g)} + \text{Zn(g)}$$

なお，この温度付近では，Zn は気体となっている．

索　引

欧文・記号

d-d 遷移　103
down-hill 反応　146
f ブロックの元素　107
HSAB 則　91, 117
IUPAC　92
Li 貯蔵・放出反応　141
LMCT　103
MLCT　104
up-hill 反応　146
VSEPR モデル　18
X 線回折　35
XRD　35
YAG　110
Z スキーム型反応　148
ZrO_2-Y_2O_3 擬二元系状態図　134
π 逆供与結合　100
π 供与性配位子　100
π 結合　21
π 受容性配位子　101
σ 結合　21

あ　行

アルカリ金属　55
アルカリ土類金属　55
アレニウスの定義　114
安定化ジルコニア　136
安定同位体　17
イオン化エネルギー　12
イオン結合　16, 24
　　──結晶　41
イオン性固体　32
一次電池　139
イットリア安定化ジルコニア　134
陰極線　3
ウェルナー型錯体　91
ウルツ鉱型構造　44
エネルギーバンド　27
エネルギー密度　141
エリンガム図　130

塩　113
塩化セシウム型構造　45
塩化ナトリウム型構造　43
塩基　114
塩基解離定数　119
炎色反応　55
塩類似水素化物　54
オキソニウムイオン　114
オクテット則　17
オストワルト法　55
親核種　111

か　行

回折角　36
化学式量　39
角波動関数　5
重なり密度　20
かたい塩基　117
かたい酸　117
還元的脱離反応　104
貫入　11
希ガス　51
貴ガス　51
基底状態　8
希土類元素　107
逆蛍石型構造　44
共鳴　18
　　──構造式　18
共役　115
共有結合　16, 17
共有結合性固体　32
共有電子対　17
供与　90
極限構造式　18
キレート配位子　91
　　──効果　91
金属　16
　　──結合　16, 27
　　──錯体　89
　　──性固体　32

──類似水素化物　54
結合次数　23
結合性軌道　21
結晶　31
結晶系　34
結晶格子　33
結晶場安定化エネルギー　102
結晶場理論　96
格子エネルギー　25
格子定数　34
格子点　33
高スピン　101
構成原理　9
光電効果　4
固体高分子形燃料電池　133
固体酸化物形燃料電池　133
孤立電子対　17
混成　19

さ　行

最高被占軌道　23
最低空軌道　23
最密充填構造　37
酸　53, 114
酸塩基反応　113
酸解離定数　118
酸化的付加反応　104
酸強度　120
三重水素　17
三中心二電子結合　60
自己解離定数　117
指示薬法　120
シス体　95
遮蔽　10
周期　12
重水素　17
自由電子　27
充填率　39
縮重　8
縮退　8
昇位　19
晶系　34
シリカ　66
水蒸気改質反応　53
水素結合　29
水平化効果　114
スレーターの規則　10

生石灰　58
閃亜鉛鉱型　43
占有度　18
族　12

た　行

体心立方格子　37
ダウンズ法　56
単位格子　33
単位胞　33
単純立方格子　37
中性子　4
中和　113
超ウラン元素　110
超酸　119
低スピン　101
テルミット反応　58
電荷移動遷移　103
電気陰性度　13
電子　3
──取得エンタルピー　13
──親和力　13
点電子表記法　17
同位体　16
動径波動関数　5
動径分布関数　6
ドブロイの式　5
トランス体　95

な　行

二元系化合物　43
二次電池　139
二水セッコウ　58
熱力学的解離定数　119
ネルンスト式　125

は　行

配位結合　28
配位子　90
──交換反応　105
配位数　37, 95
配座異性体　96
パウリの排他原理　9
発光スペクトル　1
パッシェン系列　1
波動関数　5
ハーバー–ボッシュ法　54

索　引

ハメットの酸性度関数　119
バルマー系列　1
ハロゲン　72
半金属　16
反結合性軌道　21
半減期　17
バンドギャップ　145
バンド構造　144
ヒ化ニッケル型構造　45
光触媒　143
非晶質　31
標準電極電位　122
ファラデー定数　123
フェイシャル体　95
不活性ガス　52
不均化反応　128
不定比化合物　54
ブラッグの式　35
プールベ図　126
ブレンステッドの定義　115
分光化学系列　98
分子軌道理論　20
分子状水素化物　54
分子性固体　31
フントの規則　9
閉殻　10
並進操作　34
ペロブスカイト型構造　46
ボーア磁子　102
ボーア半径　2
放射性同位体　17
放射性崩壊系列　111
蛍石型構造　44
ホッピング伝導機構　136
ポリオキソメタラート　80
ボルン-ハーバーサイクル　25
ボルン-マイヤーの式　26

ま　行

マーデリング定数　26
水のイオン積　117
密度汎関数理論　145
無機物質　16
娘核種　111
メソクリスタル　142
メリディオナル体　95
面心立方格子　37

や　行

やわらかい塩基　117
やわらかい酸　117
ヤーン-テラー効果　103
有機金属錯体　91
有機物質　16
有効核電荷　10
溶融塩電解　56

ら　行

ライマン系列　1
ラチマー図　129
ランタノイド収縮　77, 108
立方最密充填　38
量子数　5
臨界半径比　47
ルイス塩基　28, 116
ルイス酸　116
ルイスの定義　115
ルチル型構造　45
励起状態　8
六方格子　37
六方最密充填　38
　　――構造　37

元素の周期表

族周期	1(1A)	2(2A)	3(3A)	4(4A)	5(5A)	6(6A)	7(7A)	8	9	10	11(1B)	12(2B)	13(3B)	14(4B)	15(5B)	16(6B)	17(7B)	18(0)
1	1 H 水素 1.008																	2 He ヘリウム 4.003
2	3 Li リチウム 6.941	4 Be ベリリウム 9.012											5 B ホウ素 10.81	6 C 炭素 12.01	7 N 窒素 14.01	8 O 酸素 16.00	9 F フッ素 19.00	10 Ne ネオン 20.18
3	11 Na ナトリウム 22.99	12 Mg マグネシウム 24.31											13 Al アルミニウム 26.98	14 Si ケイ素 28.09	15 P リン 30.97	16 S 硫黄 32.07	17 Cl 塩素 35.45	18 Ar アルゴン 39.95
4	19 K カリウム 39.10	20 Ca カルシウム 40.08	21 Sc スカンジウム 44.96	22 Ti チタン 47.87	23 V バナジウム 50.94	24 Cr クロム 52.00	25 Mn マンガン 54.94	26 Fe 鉄 55.845	27 Co コバルト 58.93	28 Ni ニッケル 58.69	29 Cu 銅 63.546	30 Zn 亜鉛 65.38	31 Ga ガリウム 69.72	32 Ge ゲルマニウム 72.63	33 As ヒ素 74.92	34 Se セレン 78.97	35 Br 臭素 79.90	36 Kr クリプトン 83.80
5	37 Rb ルビジウム 85.47	38 Sr ストロンチウム 87.62	39 Y イットリウム 88.91	40 Zr ジルコニウム 91.22	41 Nb ニオブ 92.91	42 Mo モリブデン 95.95	43 Tc テクネチウム (99)	44 Ru ルテニウム 101.1	45 Rh ロジウム 102.9	46 Pd パラジウム 106.4	47 Ag 銀 107.9	48 Cd カドミウム 112.4	49 In インジウム 114.8	50 Sn スズ 118.7	51 Sb アンチモン 121.8	52 Te テルル 127.6	53 I ヨウ素 126.9	54 Xe キセノン 131.3
6	55 Cs セシウム 132.9	56 Ba バリウム 137.3	57〜71 ランタノイド	72 Hf ハフニウム 178.5	73 Ta タンタル 180.9	74 W タングステン 183.8	75 Re レニウム 186.2	76 Os オスミウム 190.2	77 Ir イリジウム 192.2	78 Pt 白金 195.1	79 Au 金 197.0	80 Hg 水銀 200.6	81 Tl タリウム 204.4	82 Pb 鉛 207.2	83 Bi ビスマス 209.0	84 Po ポロニウム (210)	85 At アスタチン (210)	86 Rn ラドン (222)
7	87 Fr フランシウム (223)	88 Ra ラジウム (226)	89〜103 アクチノイド	104 Rf ラザホージウム (267)	105 Db ドブニウム (268)	106 Sg シーボーギウム (271)	107 Bh ボーリウム (272)	108 Hs ハッシウム (277)	109 Mt マイトネリウム (276)	110 Ds ダームスタチウム (281)	111 Rg レントゲニウム (280)	112 Cn コペルニシウム (285)	113 Nh ニホニウム (286)	114 Fl フレロビウム (289)	115 Mc モスコビウム (289)	116 Lv リバモリウム (293)	117 Ts テネシン (294)	118 Og オガネソン (294)

| ランタノイド | 57 La ランタン 138.9 | 58 Ce セリウム 140.1 | 59 Pr プラセオジム 140.9 | 60 Nd ネオジム 144.2 | 61 Pm プロメチウム (145) | 62 Sm サマリウム 150.4 | 63 Eu ユウロピウム 152.0 | 64 Gd ガドリニウム 157.3 | 65 Tb テルビウム 158.9 | 66 Dy ジスプロシウム 162.5 | 67 Ho ホルミウム 164.9 | 68 Er エルビウム 167.3 | 69 Tm ツリウム 168.9 | 70 Yb イッテルビウム 173.1 | 71 Lu ルテチウム 175.0 |
| アクチノイド | 89 Ac アクチニウム (227) | 90 Th トリウム 232.0 | 91 Pa プロトアクチニウム 231.0 | 92 U ウラン 238.0 | 93 Np ネプツニウム (237) | 94 Pu プルトニウム (239) | 95 Am アメリシウム (243) | 96 Cm キュリウム (247) | 97 Bk バークリウム (247) | 98 Cf カリホルニウム (252) | 99 Es アインスタイニウム (252) | 100 Fm フェルミウム (257) | 101 Md メンデレビウム (258) | 102 No ノーベリウム (259) | 103 Lr ローレンシウム (262) |

元素記号 — 6 C
元素名 — 炭素
原子量 — 12.01

1、2族、3〜18族 典型元素
3〜12族 遷移元素

非金属元素
金属元素

＊ここに示す原子量は、各元素の詳しい原子量の値を有効数字4桁に四捨五入して作成されたものである（日本化学会原子量専門委員会、2015）。安定同位体がなく、同位体の天然存在比が一定しない元素は、同位体の質量数の一例を（ ）の中に示す。B、Si、Ge、As、Sb、Te など金属元素と非金属元素との境界付近の元素は〔半金属元素〕ともよばれ、金属の性質と非金属の性質の中間を示す。

Ⓒ 日本セラミックス協会　2019

| 2019 年 1 月 31 日 | 初 版 発 行 |
| 2023 年 11 月 2 日 | 初版第 3 刷発行 |

わかりやすい
大学の無機化学

編　者　公益社団法人
　　　　日本セラミックス協会
発行者　山　本　　　格

発行所　株式会社　培　風　館
東京都千代田区九段南 4-3-12・郵便番号 102-8260
電　話（03）3262-5256（代表）・振　替 00140-7-44725

三美印刷・製本

PRINTED IN JAPAN

ISBN 978-4-563-04633-0　C3043